湖南省建筑工程信息模型施工应用指南

湖南省住房和城乡建设厅　发布

中国建筑工业出版社

图书在版编目（CIP）数据

湖南省建筑工程信息模型施工应用指南 / 湖南省住房和城乡建设厅发布．—北京：中国建筑工业出版社，2017.9

ISBN 978-7-112-21184-5

Ⅰ．①湖… Ⅱ．①湖… Ⅲ．①建筑设计－计算机辅助设计－应用软件－指南 Ⅳ．①TU201.4-62

中国版本图书馆CIP数据核字（2017）第214608号

责任编辑：张伯熙
责任设计：谷有稷
责任校对：关　健

湖南省建筑工程信息模型施工应用指南

湖南省住房和城乡建设厅　发布

*

中国建筑工业出版社出版、发行（北京海淀三里河路9号）

各地新华书店、建筑书店经销

北京佳捷真科技发展有限公司制版

廊坊市海涛印刷有限公司印刷

*

开本：850×1168毫米　1/32　印张：3¼　字数：85千字

2017年9月第一版　2017年9月第一次印刷

定价：**25.00**元

ISBN 978-7-112-21184-5

（30806）

湖南省住建厅发文

湖南省住房和城乡建设厅

关于发布《湖南省建筑工程信息模型设计应用指南》、《湖南省建筑工程信息模型施工应用指南》的通知

各市州住房和城乡建设局（建委、规划建设局），省直管县（市）住房和城乡建设局，各有关单位：

由中机国际工程设计研究院有限责任公司主编的《湖南省建筑工程信息模型设计应用指南》、湖南建工集团有限公司主编的《湖南省建筑工程信息模型施工应用指南》已由我厅组织专家审定通过，现予发布。

附件：1. 湖南省建筑工程信息模型设计应用指南

2. 湖南省建筑工程信息模型施工应用指南

湖南省住房和城乡建设厅

2017年9月4日

《湖南省建筑工程信息模型施工应用指南》编写单位与人员名单

主 编 单 位：湖南建工集团有限公司

参 编 单 位：中国水利水电第八工程局有限公司

湖南省沙坪建设有限公司

中建五局工业设备安装有限公司

湖南长大建设集团股份有限公司

湖南顺天建设集团有限公司

长沙市市政工程有限责任公司

望建（集团）有限公司

湖南省第一工程有限公司

中湘海外发展有限公司

湖南省第三工程有限公司

湖南省第四工程有限公司

湖南省第五工程有限公司

湖南省第六工程有限公司

湖南省工业设备安装有限公司

湖南建工集团装饰工程有限公司

湖南省建筑科学研究院

湖南省交通规划勘察设计院

主要编写人员：陈 浩 石 拓 周子能 易绍兴 汤 葳

周 泉 李亦星 周琴斯乐 黄 洵 张奕君

胡湘龙 聂 雷 彭 昕 沈慧玲 黄 伟

陈 杰 李 赛 唐 舒 赵佳珺 刘 威

参与编写人员：

袁云刚	王佐奇	周洪波	刘高强	田　华
周　毅	何立伟	连建国	陈方红	陆承贵
肖雄飞	秦正红	陈　芳	谢东伟	傅立新
杨玉宝	余　昊	杨　超	石艳羡	周　超
王依寒	杨玉泽	张成元	朱　林	谢　龙
龙新乐	杨永鹏	曾宇宣	伍灿良	壮真才
潘建平	秦素玲	孙爱军	李　忠	贺　源
刘华伦	刘新银	夏彬华	赵　波	熊君放

序

当前，信息化加快发展，信息技术迅速普及到各行各业，城乡建设领域面临信息化浪潮的挑战，迎来了技术升级的历史机遇。建筑信息模型（Building Information Modeling，以下简称“BIM”）技术是在计算机辅助设计（CAD）等技术基础上发展起来的多维建筑模型信息集成管理技术，是工程项目物理和功能特征的数字化表达，使工程项目信息在规划、设计、施工、运营和拆除全过程共享，为各参与方协同工作奠定基础，为决策建设、管理提供科学依据。普及BIM技术可以有效节省投资、提高质量、节约资源、缩短工期，对促进建筑行业转型升级，提高城乡建设信息化水平，推进智慧城市建设具有十分重要的意义。

湖南实施新型城镇化战略，城乡建设领域要加快信息化步伐，BIM技术是基础、是关键，必须首先突破。湖南省高度重视BIM技术对于行业转型升级的重要作用，规划到2020年底，建立完善的BIM技术的政策法规、标准体系，90%以上的新建项目采用BIM技术，设计、施工、房地产开发、咨询服务、运维管理等企业全面普及BIM技术，应用和管理水平进入全国先进行列。为实现上述目标，成立BIM技术应用创新战略联盟，建立湖南省BIM培训基地，搭建BIM标准体系，发布《湖南省城乡建设领域BIM技术应用“十三五”发展规划》，编制BIM技术的工程招标文件示范文本，举办首届BIM大赛、BIM高峰论坛，建设湖南省BIM公共服务和数据平台“天河微云”，积极推动行政管理BIM化，推动BIM技术与工程总承包、全过程工程咨询深度结合。市场逐步认可BIM技术价值，企业、高校主动开展BIM技术研究实践，推广工作取得积极成效。

湖南建工集团有限公司组织省内近20家单位编写了《湖南省建筑工程信息模型施工应用指南》（以下简称《指南》），编委会主任陈浩为《指南》倾注了大量心血，旨在帮助施工企业及现场操作人员学习掌握BIM技术、开展BIM技术应用实践。《指南》在内容组织上，以先进、实用为出发点，分析了行业BIM应用发展趋势、应用环境和软件载体；结合建筑企业三级管理体系阐述了BIM应用的业务标准与流程；围绕业财一体、业采一体系统描述了虚拟线、目标线、实际线、评价线的数据流转和使用过程。《指南》将成为建筑企业开展具体BIM实践的操作手册，为行业BIM技术应用水平的提高起到重要推动作用。

希望本书的出版，给广大读者提供有益借鉴，加快普及BIM技术应用，提高建筑＋互联网、大数据、云计算、智能化及物联网等新技术应用能力，为城乡建设领域开拓广阔的发展空间。

湖南省住房和城乡建设厅党组书记、厅长：

2017年8月

前　言

为了响应《住房和城乡建设部关于印发2016－2020年建筑业信息化发展纲要的通知》（建质函[2016]183号）的要求，根据《湖南省人民政府办公厅关于开展建筑信息模型应用工作的指导意见》（湘政办发[2016]7号）的精神，湖南省住房和城乡建设厅委托湖南建工集团有限公司作为主编单位，在结合本省实际状况、充分调研、借鉴国内外BIM技术规范标准和成熟经验的基础上，广泛征求省内各方意见，完成本指南的编制。

目前，国内及省内主流的施工BIM应用仍局限于项目层级，部分起步早、具有实力的企业已率先开展企业级应用。基于不同施工企业发展现状与自身需求的考虑，本指南从项目、企业两个应用层级进行编制。

对于项目层级应用，编者依据《建设工程项目管理规范》GB/T 50326-2001，立足于将BIM融入工程技术，结合质量、安全、进度、成本等项目管理工作，以项目精细化管理为目的，将BIM应用流程规范化、输出成果标准化，具有普适的操作性与指导性。

对于企业层级应用，通过全面梳理、总结先进企业的应用经验，以辅助企业各层管理者进行高效决策、提升企业集约化经营，详细阐述了施工企业基于BIM的三级管理系统的部署与应用。

本指南适用于指导施工行业从业者在施工过程中创建、使用和管理建筑信息模型，同时为企业提升自身信息化水平、增强市场竞争力和生命力提供了新的思路。

概　述

建筑信息模型（BIM）是工程项目或其组成部分在全生命周期中的物理特征、功能特性的数字化表达，及利用模型信息进行相关应用的总称。以BIM为核心技术的项目全生命周期高效管理方法及其潜在效益正在不断地被挖掘和实现。BIM技术具有可视化、协调性、模拟性、优化性、可出图性的特点，具有共享信息、协同工作的价值，有利于提升规划、设计、施工及工程全生命周期的质量、效益。

本指南在内容组织上，共编制13章、6个附录。主要内容包括BIM概念、BIM应用条件及环境、BIM实施体系、施工企业BIM建设、企业级BIM应用、项目BIM实施规则、项目质量管理BIM应用、项目进度管理BIM应用、项目成本管理BIM应用、项目安全管理BIM应用、项目绿色施工BIM应用、建筑部品BIM应用、竣工管理BIM应用及典型案例。

第1章从BIM定义和施工BIM应用价值两个方面分别讲述了BIM的概念。经过各国国标BIM概念的分析比较，归纳出本指南对BIM的定义。施工BIM应用价值体现在三个方面，即项目BIM应用价值、企业BIM应用价值和新领域BIM应用价值。

第2章分别从行业主管部门、建设单位、施工单位的角度以及项目自身需要，论述了BIM应用条件及环境，包括应用场景、团队组建、软硬件系统选择等共同构成BIM应用生态环境的内容。

第3章BIM实施体系从建设方主导、设计施工总承包方主导、施工总承包方主导三种方式，介绍了不同BIM实施主体的实施流程和各阶段实施要点。

第4章从施工企业BIM发展规划、企业BIM组织架构、企业

BIM团队构建三个方面介绍了施工企业BIM体系的创建和提升。

第5章从系统运行环境准备、企业架构与管理系统分级、数据库与数据流分类、BIM系统与其他专业系统集成四个方面介绍了企业级BIM管理系统。以成本控制为主线展开，主要阐述BIM模型如何与集中采购、财务支付、审计监管、质安管控、运营维护相结合，数据如何分类与流转，探索BIM在企业人力资源管理、行政审批、档案管理、客户关系管理等领域的应用，提高企业的管理水平。

第6章项目BIM实施规划从项目BIM应用的平台准备和应用规划两个方面，阐述了BIM实施准备工作。BIM应用平台准备包括建模软件和协同管理平台，项目BIM应用规划从项目应用目标、团队职责、应用流程、模型规划等层面展开。

第7章至第13章从不同的管理要素分别介绍了项目质量、进度、成本、安全、绿色施工、建筑部品、竣工管理BIM应用。描述了BIM应用的一般要求和应用要点，建立BIM模型，并关联进度、成本等相关信息，随时跟踪现场施工情况，上传协同管理平台，遵循PDCA循环和项目管理内容，进行过程管理。

附录A～E为典型案例，通过房建、市政、交通、机电、钢结构五个专业工程BIM实施案例，为BIM应用在项目实施提供了可供借鉴的经验。五个专业工程案例分别为已成功运用BIM技术并取得一定成效的项目。案例根据工程重难点，确定BIM应用目标，对应用点进行了详细解析，加深对本指南各章节内容的理解。

附录F包含施工BIM技术应用清单，从施工通用应用，专业工程BIM应用两个方面列举了施工阶段主要BIM应用点。

目　次

1 BIM 概念

1.1 BIM 定义

1.1.1 BIM 理念的诞生，源自 1973 年全球石油危机，受此影响，美国全行业不得不考虑如何提高行业效益。1975 年，为实现建筑工程的可视化和量化分析，提高工程建设效率，后被称为“BIM 之父”的 Chuck Eastman 教授在其研究的课题——“Building Description System”（建筑描述系统）中提出“a computer—based description of a building”（基于计算机的建筑物描述），首次提出了 BIM 理念。

业内普遍认为 BIM 有如下三种译义：

1 “Building Information Model”即建筑信息模型，强调模型。

2 “Building Information Modeling”即建筑信息模型，强调过程。

3 “Building Information Management”即建筑信息管理，是对建筑生产经营活动中的有关信息进行收集、加工、传输、存贮、检索等过程的总称。

美国国家 BIM 标准（NBIMS）对 BIM 的定义由三部分组成：

1 BIM 是一个设施（建设项目）物理和功能特性的数字表达。

2 BIM 是一个共享的知识资源，是一个分享有关这个设施的信息，为该设施从建设到拆除的全生命周期中的所有决策提供可靠依据的过程。

3 在项目的不同阶段，不同利益相关方通过在 BIM 中插入、提取、更新和修改信息，以支持和反映其各自职责的协同作业。

英国面向 Autodesk Revit 的 AEC（UK）BIM 标准对建筑信息模型（BIM）的定义为：不仅包含图形，也包含数据。在设计和施工流程中创建和使用协调、内部一致且可计算的建筑项目信息。

由中国住房和城乡建设部发布的《建筑信息模型应用统一标准》GB/T 51212-2016 指出，BIM 包括两层含义：

1　建设工程（如建筑、桥梁、道路）及其设施物理和功能特性的数字化表达，在全生命周期内提供共享的信息资源，并为各种决策提供基础信息，简称“模型”。

2　建筑信息模型的创建、使用和管理统称为“建筑信息模型应用”，简称“模型应用”。

1.1.2　综合各方概念，对 BIM 的定义涉及两个方面：一是工程项目全生命周期物理和功能特性的数字化表达；二是利用模型承载、共享的信息资源进行应用。

随着设计、施工、运营等不同阶段对 BIM 技术的应用摸索，一方面以解决某类技术难点，提升技术工作效率和准确性的技术层面应用逐步成熟；另一方面，BIM 技术往管理方向结合，使按职能划分的分散式管理转变为信息共享的集约化管理；第三个方面是 BIM 技术与其他技术的集合，与大数据、智能化、移动互联网、云计算、物联网等先进信息技术集成应用，呈现出“BIM+”的特点。

1.2　施工 BIM 应用价值

1.2.1　项目 BIM 应用价值

项目级 BIM 应用以建筑信息模型为核心，围绕项目质量、进度、商务、安全、绿色施工等管理和技术工作，将 BIM 技术融入生产流程，展开各岗位的单项工具级技术应用和跨岗位的协同管理应用，提升项目管理的精细化水平。

1.2.2 企业 BIM 应用价值

1 通过搭建基于BIM的施工企业管理体系与工具，将一线生产中积累的技术、经济数据，汇集至企业，转化为管理工作需求的业务数据，辅助公司变革项目管理模式与公司治理方式。

2 构筑BIM与企业各业务职能相融合的管理流程，将原有条块分割、并行的管理集成、串联，实现不同业务部门间的信息资源互通、共享，规避部门间因信息不对称所致的效能损失与经济风险，为企业高端决策提供有效的数据支撑，加快企业向信息化公司转型。

1.2.3 新领域 BIM 应用价值

BIM技术的全生命周期数据管理特性，在既有建筑和新建建筑运营管理中具有广阔应用空间，与大数据、物联网等技术相结合，可实现数字化的设施运维和资产管理。结合GIS、物联网、智慧城市标准，可实现城市的数字化，为智慧政务、智慧城管、智慧交通、智慧医疗、城市综合管廊、海绵城市等新兴产业发展提供基础数据。

2 BIM应用条件及环境

BIM技术的应用涉及行业主管部门、建设单位、施工单位等多方主体，各应用主体在应用场景、团队、软硬件配置、标准等内容有一定差异。

行业主管部门的应用侧重于制定指导性政策，建立与行业发展目标一致的BIM总体定位与规划，通过行政举措推动BIM发展，同时应建立基于BIM技术的政府投资工程建设管理标准；建设单位应以建筑全生命周期管理为目标，建立满足自身投资管理、项目管理、运维管理需求的BIM应用环境；施工方或承包商，应聚焦于将BIM与现场技术、管理相结合，提升质量水平、减少安全隐患、提高生产效率、控制建造成本。

2.1 行业主管部门应用条件及环境

2.1.1 政策指导支持

BIM技术最早可追溯至20世纪70年代，经过几十年发展，从最初少数几个先锋国家已普及至绝大多数发达国家，BIM的价值日趋显著。建筑业作为我国国民经济的支柱产业，仍存在市场开放度不高、信息化程度偏低、行业管理较粗放等弊端。目前，正值我国最大规模的城镇化建设周期，充分利用以BIM为代表的新技术有助于实现行业转型升级。因此，BIM应用得到了我国政府和行业协会的高度重视，相继出台政策推动BIM普及（表2.1.1）。

2015年6月国家住房和城乡建设部印发《关于推进建筑信息模型应用的指导意见》，明确指出到2020年末，建筑行业甲级勘察、设计单位以及特级、一级房屋建筑工程施工企业应掌握并实现 BIM 与企业管理系统和其他信息技术的一体化集成应用。以国有资金投资为主的大中型建筑以及申报绿色建筑的公共建筑和绿色生态示范小区，在新立项项目的勘察设计、施工、运营维护中，集成应用 BIM 的项目比率达到 90%。

表 2.1.1　国家和地方部分 BIM 政策（2015 年 6 月 ~ 2017 年 2 月）

发布单位		发布时间	发布文件
国家政策	住房和城乡建设部	2015 年 6 月	《关于推进建筑信息模型应用的指导意见》
	住房和城乡建设部	2016 年 9 月	《2016-2020 年建筑业信息化发展纲要》
	国务院办公厅	2017 年 2 月	《关于促进建筑业持续健康发展的意见》
地方政策	广东省	2014 年 9 月	《关于开展建筑信息模型 BIM 技术推广应用工作的通知》
	深圳市	2015 年 5 月	《深圳市建筑工务署 BIM 实施管理标准》
	福建省	2015 年 9 月	《进一步加快 BIM（建筑信息模型）技术》
	湖南省	2016 年 1 月	《关于开展建筑信息模型应用工作的指导意见》
	云南省	2016 年 3 月	《云南省推进建筑信息模型技术应用的指导意见》
	重庆市	2016 年 4 月	《关于加快推进建筑信息模型（BIM）技术应用的意见》
	湖南省	2016 年 8 月	《关于在建设领域全面应用 BIM 技术的通知》
	上海市	2016 年 9 月	《关于进一步加强上海市建筑信息模型技术推广应用的通知》
	湖南省	2017 年 1 月	《湖南省城乡建设领域 BIM 技术应用“十三五”发展规划》

2017 年 2 月，国务院办公厅发布《关于促进建筑业持续健

康发展的意见》，提出加快推进建筑信息模型（BIM）技术在规划、勘察、设计、施工和运营维护全过程的集成应用，实现工程建设项目全生命周期数据共享和信息化管理，为项目方案优化和科学决策提供依据，促进建筑业提质增效。

2016 年 11 月，国家住房和城乡建设部 “推动工程技术进步工作研讨会”在长沙召开，会议初步确定，2020 年 1 月 1 日后，直辖市、省会城市、计划单列市建筑工程项目必须全部实行数字化审图。

2016 年 7 月，湖南省住房和城乡建设厅组织编制了《湖南省采用 BIM 技术建筑工程方案设计招标文件示范文本（试行）》，提出项目方案设计以及后续方案优化、初步设计、施工图设计均须采用 BIM 技术。

2017 年 1 月，湖南省住房和城乡建设厅印发了《湖南省城乡建设领域 BIM 技术应用“十三五”发展规划》，提出到 2020 年底，工程建设项目全面应用 BIM 技术，规划、勘察设计、监理、施工、工程总承包、房地产开发、咨询服务、运维管理等企业全面普及 BIM 技术，力争应用和管理水平进入全国先进行列。

国家住房和城乡建设部从各个方面强调了施工企业应掌握并实现 BIM 集成化应用，明确应加快 BIM 技术在工程建设项目全生命周期集成应用，实现企业信息化管理。湖南省住房和城乡建设厅计划在建筑工程方案设计招投标、数字化审图、工程建设安全质量监督等行政行为中进一步深入应用 BIM，规范流程，利用 BIM 更好地搭建政府和市场之间沟通和监管的桥梁，创新政府在投资建设项目中的行政管理方式，促进 BIM 技术的普及应用。

2.1.2 应用平台搭建

政府可根据建筑全生命周期管理的内容和自身业务管理需求，依托 BIM 技术和 GIS 系统，建立开放的信息化服务平台和信息标准体系，覆盖规划 - 建设 - 运维三大阶段，将政府决策、项目执行、过程监管与 BIM 实施相结合，固化到平台流程中。包括项目规划论证、数字化审图、招投标市场监管、安全质量监督、数字化竣工交付、审计结算等。其他有关部门则根据自身需求积极应用 BIM 技术提升管理及服务能力。

平台功能应包含以下内容：

1 规划阶段

从规划编制、规划管理和批后管理三个方面纵向延伸应用，通过 BIM 与 GIS 技术的结合，在城市发展科学评估、城市设计协调性评价、规划编制分析论证、工程项目规划审查与批后管理等工作中实现基于 BIM 模型的信息化、部分流程的自动化审查。

2 建设阶段

勘察设计通过平台进行数字化审图，在设计合规性审查中实现模型和条文标准的自动比对及审查。

质量安全监管对 BIM 施工模型、专项施工方案、检验资料进行电子化审查。

竣工验收包含数字化竣工交付与基于 BIM 的审计结算功能。

3 运维管理

将BIM技术延伸至运维阶段，形成政府投资项目模型信息库，为智慧城市建设储备基础信息，并可展开运营管理、设施管理和能源监控分析等应用。

2.2 建设单位应用条件及环境

建设单位主导组建 BIM 团队，根据项目特点制定 BIM 应用目标、组织流程、规范标准、平台及协作机制，负责统筹各阶段的 BIM 实施。

建设单位项目管理过程 BIM 应用分为四个阶段：准备阶段、模型构建和分析阶段、施工分包协调管理、施工信息加载阶段。

1 准备阶段

结合项目特点，明确 BIM 技术应用范围、预期目标，组建 BIM 团队，考虑技术路线、平台的选择以及系统兼容性，论证全过程实施的必要性和可行性，制定 BIM 项目预算和计划进度等内容。

2　模型构建和分析阶段

以设计方 BIM 团队为主，设计方提供设计 BIM 模型，建设方对提交的模型进行审核分析。

该阶段完成建筑设计相关信息的加载，及各专业的深化、场景分析，具体包括设计分析、能耗分析、成本预算、碰撞检查等。

3　施工承包方协调管理阶段

建设单位应考察施工承包方 BIM 技术实施能力，在合同中提出明确 BIM 实施要求或签署单独的 BIM 实施合同。

在项目实施过程中，建设单位应确定两个层次的协同工作内容：

总体框架：各参与方、不同项目阶段之间的工作接口、流程、计划时间节点等。

具体流程：明确各个 BIM 应用的实施细节，包含实施步骤、责任方、审核方、参考信息、数据交换标准等。

4　施工信息加载阶段

建设单位应要求施工方及时根据设计变更或现场实际情况进行模型修改更新，最终形成设计、建造过程同步的全信息模型。

2.3　施工单位应用条件及环境

2.3.1　项目级 BIM 应用环境

将施工过程中产生的数据进行记录管理分析，提供协同化工作平台，帮助项目管理团队进行信息传递和集约性管理。

1　组织与实施

根据项目特点，策划 BIM 应用方案、组建技术团队。

方案策划包含 BIM 应用范围及目标、BIM 应用流程、协同信息共享模式等。BIM 技术团队包含团队负责人、各专业负责人，若业主对 BIM 有明确要求，业主代表应共同参与。

2　BIM 应用软件环境

按应用场景和功能主要分为三类：

1）基础建模类：用于进行设计、模型构建及初步模型分析。

2）深化设计类：用于各专业进行模型完善、深化及模拟验证。

3）项目管理类：用于集成模型浏览修改、数据管理、生产与成本管理功能、项目管理。

3　BIM 应用硬件环境

项目 BIM 应用的硬件环境搭建分为图形工作站、服务器 + 小型局域网两种模式。

1）图形工作站配备专业显卡和高性能处理器，信息处理功能和图形、图像处理能力较强，数据存储、数据共享能力较弱。

2）服务器 + 小型局域网具备高效数据计算能力，可存储大量数据、支持文件共享，局域网内多台 PC 可对服务器进行直接访问和文件提取，服务器一般不配备独立显卡，图像处理能力弱。

2.3.2　企业级 BIM 应用环境

项目施工存在大量有关技术、经济指标的数据，应利用 BIM 技术进行收集、积累，提升项目精细化管理水平、企业集约化管理水平。汇集项目数据的企业级平台是 BIM 技术从技术级向管理级延伸的综合体现。

1　组织与实施

企业 BIM 技术的应用分为初期推广应用阶段、后期深入融合阶段。

1）初期应以项目应用为主，通过试点项目进行人才培养，推广试点项目示范做法，以推动技术工具级应用的普及与企业应用标准的建立实施。

2）后期由技术驱动转向管理协同，通过 BIM 技术汇集项目数据至企业级平台，进行深层次的数据分析，梳理业务链，将 BIM 数据应用于现有业务，完成与各业务垂直系统的对接，延伸至企业各管理部门，实现数据的资产化应用与企业基于大数据的管理决策。

2　专业软件平台

考虑企业管理需求复杂性、工程项目协作模式和流程的多样性、未来发展及业务拓展，企业级BIM平台应具备通用性、扩展性及灵活性三个特点。

通用性是指为不同的组织机构及工程项目提供统一、标准的基础平台；扩展性在于根据企业自身特点与需要，进行定制平台功能、业务流程的开发与功能拓展；灵活性是指在数据存储、访问权限、平台接口、服务、流程配置上，可根据业务、流程需要进行调整。

3　BIM应用硬件环境

企业级平台硬件建设包含技术人员终端计算机、支撑业务数据计算及分析的服务器。配置时应考虑企业现有数据规模、未来数据增长及企业业务类型。

服务器的搭建包括三种方式：自建服务器数据中心、租用第三方的公有服务器、混合服务器。具体分析见表2.3.2。

表2.3.2　服务器搭建方式对比

	自建服务器	租用服务器	混合服务器
投资与稳定性	一次性投入建设，系统配置可根据业务要求定制，企业完全独立控制。需要专业团队进行数据维护，硬件出现问题后数据恢复较难，稳定性一般	周期性购买服务，由服务商提供专业管理及维护，系统配置定制性一般。系统自动备份，稳定性好	正在进行的项目数据存储在外部云服务器，其数据备份强，恢复快，有效防止数据丢失。竣工项目迁移至自建服务器进行长期保存
扩展能力	可扩展性一般，配置的改动需要考虑硬件升级、服务器重新部署等问题	容量弹性制，扩容不需要考虑硬件，改动配置不影响数据，升级影响时间较短	根据项目的数据量来配置租用服务器大小，灵活性高。自建服务器存储归档数据，变动可控

续表

	自建服务器	租用服务器	混合服务器
安全及响应	需专业人员进行管理。隐秘性好，数据安全可自控。业务响应速度快	有专业的团队进行安全防护，安全性高，隐秘性一般。业务响应速度一般	大部分归档数据隐秘性高。放置租用服务器的项目数据安全性高，隐秘性一般

3 BIM 实施体系

BIM 实施体系是项目各参与方基于信息模型的协同管理。本章节主要概述在施工过程中，建设方、设计施工总承包方以及施工总承包方为主导的 BIM 实施体系。实施体系涵盖 BIM 实施总体流程及各阶段 BIM 工作内容。

3.1 建设方主导的全要素 BIM 实施体系

建设方主导的全要素 BIM 实施体系，是以建设方为核心，通过在项目的建造阶段，统筹协调设计、施工等单位，实现项目信息一体化管理，其总体流程见表 3.1.1。主要涵盖以下工作内容：

1 建设方应从项目集成化管理角度出发，成立以建设方为主的信息模型管理中心，负责 BIM 实施过程中对各单位之间的指令发布、信息存档及协调管理。

2 设计方应用 BIM 技术实现各专业设计的高度集成，各专业工程师通过中心模型文件进行沟通和协同设计，减少设计变更和返工。

3 施工方宜利用建设方提供的设计阶段 BIM 成果，进行施工深化设计、施工场地规划、施工方案模拟、设备材料管理、质量与安全管理协同等工作，实现施工流程与关键工序的优化及改进，加强施工阶段的管控能力。

表 3.1.1　建设方主导的全要素 BIM 实施体系总体流程

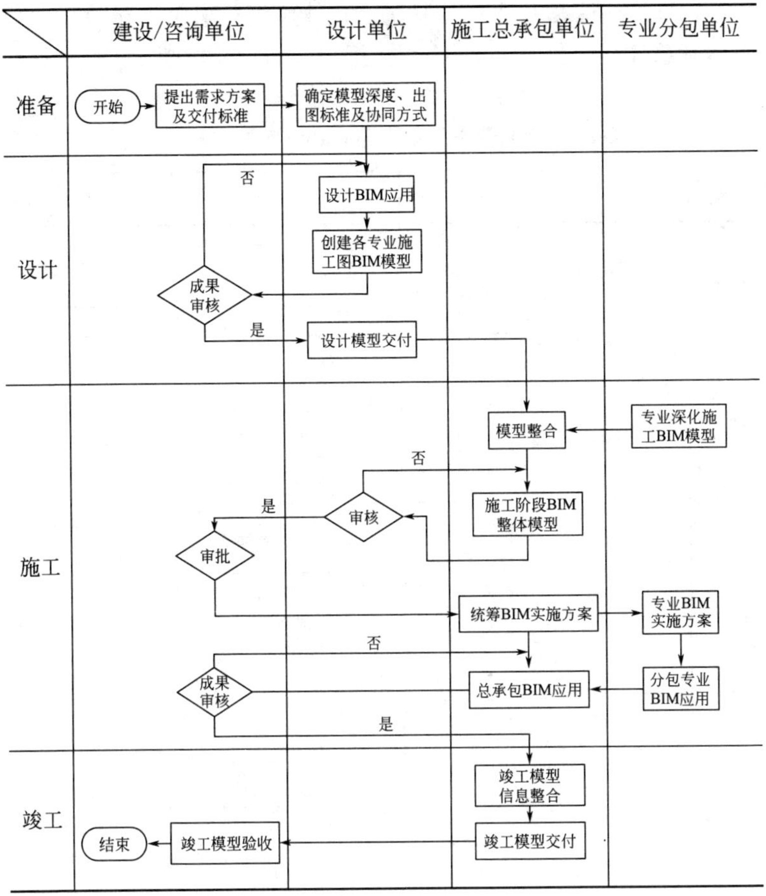

	建设/咨询单位	设计单位	施工总承包单位	专业分包单位
准备	开始 → 提出需求方案及交付标准	确定模型深度、出图标准及协同方式		
设计	成果审核（否 → 设计BIM应用；是 → 设计模型交付）	设计BIM应用 → 创建各专业施工图BIM模型 → 成果审核；设计模型交付		
施工	审批；成果审核（否 → 总承包BIM应用；是 → 竣工模型信息整合）	审核（否 → 施工阶段BIM整体模型；是 → 审批）	模型整合 → 施工阶段BIM整体模型 → 审核；统筹BIM实施方案；总承包BIM应用 → 成果审核	专业深化施工BIM模型 → 模型整合；专业BIM实施方案 → 分包专业BIM应用 → 总承包BIM应用
竣工	竣工模型验收 → 结束		竣工模型信息整合 → 竣工模型交付 → 竣工模型验收	

3.2　设计施工总承包主导的BIM实施体系

设计施工总承包主导的BIM实施体系，通过BIM模型有效地衔接设计和施工双方，使各项指标符合设计施工总承包约定。设计过程中综合考虑施工工艺流程及工程量清单计价规范，使设计与施工过程紧密结合，提高施工的便捷性与经济性。同时，设计施工阶段完整的建筑信息模型可以全部保留，从根本上改变传统信息管理所带来信息丢失的状况。设计施工总承包主导的 BIM 实施体系总体流程见表 3.2.1。主要涵盖以下工作内容：

表 3.2.1　设计施工总承包主导的 BIM 实施体系总体流程

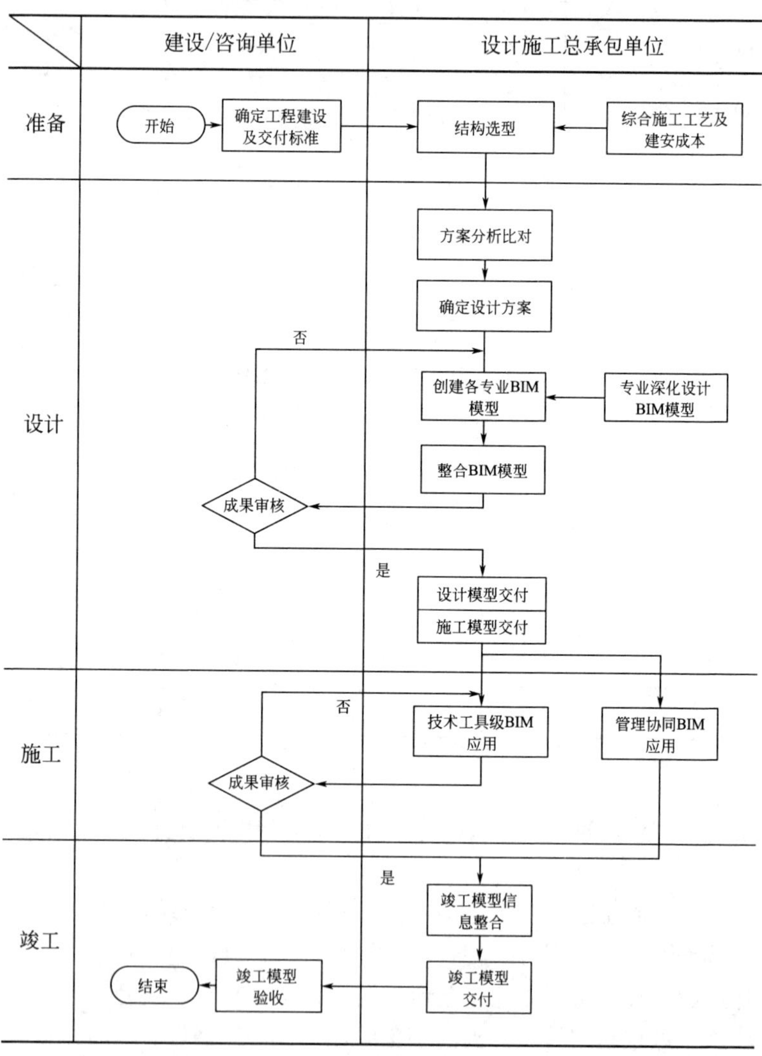

设计施工总承包方应将设计与施工各环节合理衔接，使设计、施工各专业工程师在同一信息模型协同工作。通过场地分析，建筑性能模拟分析（如日照、风环境、热工、景观可视度、噪声、能耗、应急处理等），碰撞检测及三维管线综合，规范验证，系统协调等可视化分析，消除模型冲突。

施工时应在信息完整的设计模型模拟现场施工，进行施工深化设计、施工场地规划、构件预制加工、施工方案模拟、质量与安全管理、施工进度管控、设备材料管理、竣工模型构建等，保障高效施工，提升项目价值。

3.3 施工总承包主导的BIM实施体系

在施工总承包主导的BIM实施体系中，项目部按职责分工，共建施工整体模型，依据施工模型展开BIM应用（施工总承包主导的BIM实施体系总体流程见表3.3.1）。主要涵盖以下工作内容：

1 施工准备阶段，制定项目BIM管理目标，编制项目BIM实施方案。

2 施工阶段，工程、技术部门与商务部门分别建立技术与商务施工深化模型，整合组成施工整体模型，各部门按照岗位职责，基于模型，进行BIM应用。

1）质安部：质量安全现场信息采集、动态质量安全管理等。

2）技术部：施工方案优化设计、计划与现场进度比对、施工模拟动态交底等。

3）商务部：工程量快速计算、多算对比、进度产值上报，分包计量核算等。

4）物资部：计划材料用量提取、实际材料用量录入等。

5）财务部：各类款项收取、支付及审核，会计核算、财务状况分析等。

3 竣工阶段，项目各部门数据归集关联竣工BIM模型，实现项目的信息化交付。

表 3.3.1　施工总承包主导的 BIM 实施体系总体流程

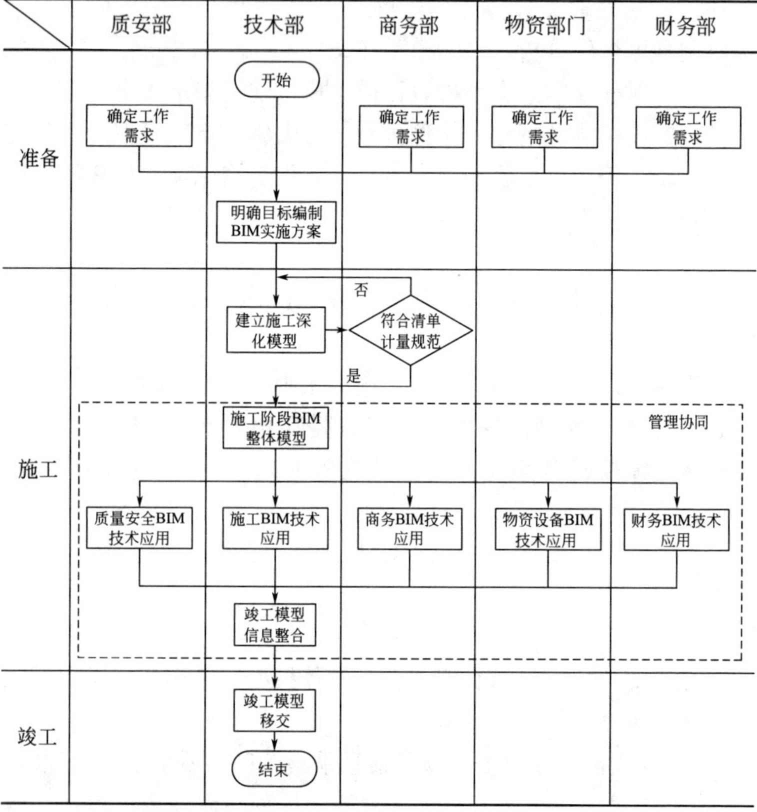

4 施工企业 BIM 建设

4.1 企业 BIM 发展规划

4.1.1 规划要求

1 根据企业组织结构、业务范围、经营地域、信息化发展水平等因素，制定符合企业自身发展需要的 BIM 实施规划。

2 企业 BIM 实施规划由企业总工程师组织编制。

3 与企业生产经营整体计划协调一致，根据实际情况进行调整和更新。

4.1.2 阶段划分

1 项目 BIM 试点阶段

选取典型项目进行 BIM 试点，进行各专业技术工具级应用，完成 BIM 技术在单类型项目上的应用。

2 项目 BIM 应用阶段

在多个项目中展开应用，项目从单个专业类型拓展至多个专业类型，针对不同类型项目实际情况，以工程技术特点作为 BIM 应用切入点，规划 BIM 技术路线、工作组织形式、管理模式。

3 企业 BIM 应用阶段

建立人员体系明确的 BIM 专设机构，在企业应用上围绕企业发展战略，将 BIM 技术与企业业务、管理相结合，构建企业信息共享、业务协同平台，实现企业的知识管理和系统优化。

4 新业务拓展阶段

以BIM技术平台为载体，通过与其他产业技术（如PM、云计算、大数据、物联网、互联网、GIS、3D 打印以及 VR/AR 等）进行跨界叠加，向智慧城市、智能建筑、综合管廊、装配式建筑、海绵城市等新业务领域拓展。

4.2 企业BIM组织架构

4.2.1 BIM工作的开展应根据企业特点，确定BIM构架层级和职能范围。大型施工企业宜按照“公司——分公司——项目”建立三级BIM构架，中小型施工企业可按“公司——项目”建立两级BIM构架。

4.2.2 公司级BIM工作职能

1 公司级BIM工作应覆盖企业全局，明确BIM发展规划、应用标准、考核制度，并指导分公司级和项目级BIM工作开展。

2 应巩固加深现有技术应用水平，拓展BIM应用领域，进行技术创新，主导BIM由技术应用向经营管理融合，优化管理层级和管理流程。

3 应立足长远发展，制定整体人才培养、培训计划，注重多专业、多层次的人才梯队建设，储备各专业类别和技术层次的BIM工程师。

4.2.3 分公司级BIM工作职能

1 依据公司级BIM整体发展规划，制定项目施工BIM应用策划，指导项目完成BIM应用过程管理。

2 依据整体人才培养、培训计划，针对项目级BIM应用，广泛培养一线实操人才，为项目应用输出满足各岗位要求的BIM工程师。

4.2.4 项目级BIM工作职能

落实BIM应用策划，进行模型搭建、施工模拟、进度管理、成本管控、质安管理等BIM应用，积累、总结应用经验，为公司、分公司级BIM发展及管理优化提供实践反馈。

4.3 企业BIM团队构建

为促成项目施工BIM应用实施落地，企业需构建完备的BIM实施团队，为此，企业需进行人才队伍建设规划以及人才培养工作。

4.3.1 建设规划

BIM人才队伍建设规划应包含以下内容：

1 建设目标

对BIM人才实行总量控制、适度增长、素质一流、结构合理的原则，明确各规划节点企业BIM人才数量、人才素质、人员结构以及人才引进计划等。

2 培养体系

针对企业规模、业务领域情况，制定人才培训方案、人才培养制度，并针对中高端BIM人才出台相关政策支持。

3 组织机制

企业应成立人才建设领导小组，定期召开人才建设工作会议；建立BIM人才选拔、职务晋升、绩效奖励等激励制度；构建公平公正、运行规范、管理科学的BIM人才评价体系。

4.3.2 人才配置

施工企业BIM实施团队应由BIM总监、BIM项目负责人、BIM工程师及BIM岗位运用人员构成。企业内部应明确岗位职责，分梯队培养、打造BIM团队。

1 BIM总监全面负责公司级别的BIM技术总体发展战略，包括组建团队、人员培训、确定技术路线等。

2 BIM项目负责人全面负责单个项目BIM应用过程中的技术和人员管理、BIM实施计划编制和执行。

3 BIM工程师专职负责工程项目的建模、报价、审计及模型动态管理等工作。

4 BIM岗位运用人员负责应用模型完成各项岗位工作。

4.3.3 人才培养

企业应开展针对性的 BIM 技术培训，培养不同类型和不同层次的人才以支撑企业 BIM 发展。

1 BIM 普及性培训

本层次培训主要针对企业全体员工，普及对 BIM 技术应用的认知和了解，壮大企业 BIM 后备人才。

培训主要介绍 BIM 概念、作用及其发展趋势，重点使员工认识到 BIM 技术的应用方向及重要性；讲解建模及建筑可视化常用软件基本功能和操作流程，让员工建立起 BIM 技术在工程建设各阶段应用的认识。

2 岗位级 BIM 应用培训

本层次培训主要针对企业 BIM 工程师、BIM 岗位运用人员等基层 BIM 技术人员。

培训各专业BIM软件基础操作，讲解剖析典型项目案例应用，学习掌握碰撞检查、模型优化、管线综合、场地布置、施工进度模拟、工程量统计、模型出图等项目级 BIM 应用。

3 中高层 BIM 管理培训

本层次培训主要针对 BIM 项目负责人、BIM 总监以及企业中高层管理人员。

培训应帮助企业管理人员宏观上了解建筑施工行业 BIM 技术的发展现状和趋势、BIM 技术给项目管理带来的变革和价值，学习如何应用 BIM 管理平台对项目进行指标化管控和精细化管理。

此外，企业宜采用继续教育培训、优秀项目观摩及现场轮训等多种形式的培训，结合实战培养人才。

5 企业级 BIM 应用

5.1 系统运行环境准备

5.1.1 企业级 BIM 应用系统运行环境准备包括硬件系统建设、制度建设、数据准备。

5.1.2 硬件系统的建设应以协议互通为基础展开，主要有两项工作：

1 各专业系统、企业云平台的搭建工作。云平台宜选取混合服务器，正在进行的项目数据存储在外部云服务器，竣工项目迁移至自建服务器进行长期保存。

2 云平台与专业系统宜以协议互通的方式实现对接。

5.1.3 制度的建设应结合项目管理方式的变革展开，主要工作包括：

1 按公司、分公司、项目“三级管理”要求，在公司层设立集采和成控等业务部门，强化公司集中建模能力等集约化管理能力；强化项目部实际数据的采集、上传和处理能力，实现项目建设过程精准管控。

2 优化管理流程，将管理流程嵌入到云平台，形成规范性、可执行的操作性准则。

5.1.4 数据的准备应实现数据加工方式专业化，输入导出格式多元化，通过跨系统的流转，将模型数据转化为虚拟线、目标线、实际线、评价线等“四线”数据。

三级四线管理体系架构见图 5.1.4。

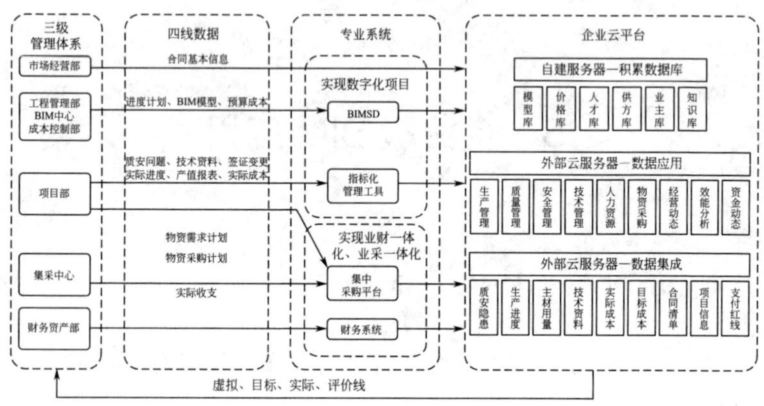

图 5.1.4　三级四线管理体系架构图

5.2　企业云平台与其他专业系统构成

5.2.1　企业 BIM 应用系统是通过统一的合同编码、开发的协议建立下对项目、上对部门的信息化管理体系。

5.2.2　企业 BIM 应用系统由云平台与专业系统以云 + 端的形式组成。其中企业云平台为集成平台、数字化项目为操作平台、专业管理平台为应用平台。

5.2.3　企业级 BIM 系统应重点对接公司财务管理、集采等企业垂直管理系统。

5.2.4　企业级 BIM 应用系统应包括基础设施层、技术服务层、应用层 3 个技术层级。技术服务层设置 6 类业务组件（模型组件、进度组件、物资组件、成本组件、质量组件、安全组件），为整个系统提供技术支持。

5.2.5　在技术实现上，应通过数据挖掘、决策分析（项目数据统计、数据检索、模式识别等方法）实现数据集成；通过开放的接口为应用端提供服务，确保业务的一致和数据的及时协同。

5.3 企业“三级管理”架构和管理流程的优化

5.3.1 企业应基于BIM技术在工程建设全过程的应用要求，优化“公司、分公司、项目”三级管理架构，明确各级组织的职责，实现协同管理。

5.3.2 在项目准备阶段公司、分公司层级应重点做好以下工作：

1 经营部门应通过企业云平台进行项目合同备案、分配统一的ID编码、录入项目基本信息。

2 集中建模部门应依据图纸、计量规范搭建项目BIM模型上传至企业云平台。

3 成本控制部门应依据工程量清单、定额计价规范、造价文件及市场信息发布价等编制项目预算成本；依据资源采购实际价格和项目管理投入编制目标成本，确定资金支付红线，并将预算成本及目标成本上传至企业云平台。

5.3.3 项目实施过程中公司、分公司、项目部应分别做好以下工作：

1 成本控制部应通过企业云平台对预算成本、目标成本及项目各阶段报送的形象产值做比对，编制审核报告上传至企业云平台。

2 集中采购部门从企业云平台调取汇总所有项目材料需用计划，通过集采系统按计划节点批量进行采购。

3 工程管理部门通过企业云平台核实项目进度、核查项目资料。

4 财务管理部门以企业云平台呈现的项目支付红线为上限，通过财务系统对项目进行资金支付。

5 审计监管部门通过企业云平台对项目进行过程查阅、监督、审核。

6 项目部通过项目综合管理工具实时采集项目实际进度、成本、生产等信息及大宗材料需用计划上传至企业云平台。

5.4 “四线数据”和数字化资产

5.4.1 企业应针对业务的独立性与关联性建立数据处理标准体系和数据库搭建原则。

5.4.2 企业应注重内控管理经验和各业务知识的积累，形成企业数字资产库，包括：模型库、价格库、人才库、业主库、供方库等。

5.4.3 企业级BIM应用，通过统一模型建立标准，依照国家和地方算量、计价标准及企业相应的管理规范等，在系统中内嵌算法，生成各业务流程的虚拟线、目标线、实际线和评价线等“四线数据”，并按照不同主体的需求进行集中呈现。

1 虚拟线是由企业云平台根据内嵌规则自动生成的项目正常运行状态下的标准数据。

2 目标线是由企业云平台依据企业管理要求，自动对虚拟线数据进行调整而得来的目标管理数据。

3 实际线是由不同管理者根据工作环境，在现场随时记录并通过PC端、WEB端或APP端口输入的反映项目建设过程真实情况的数据。

4 评价线是由企业云平台对目标数据与实际数据进行自动比对纠偏，形成的审核与评价结论。

6 项目 BIM 实施规划

项目 BIM 实施规划是为各参与方提供一个项目 BIM 实施的标准框架与流程，统一各阶段的 BIM 应用成果，实现基于 BIM 的项目管理。

6.1 BIM 应用平台准备

6.1.1 建模软件准备

根据应用目的的不同，考虑专业类别、承载信息、数据格式、模型交互等因素进行软件准备。

BIM 建模软件平台基本要求有：可编辑的构件库，分析功能，参数化构建功能，工程量统计功能，支持信息交换，支持三维数据交换标准等。

根据应用类别和功能划分，对 BIM 建模软件的要求如下：

1 建筑专业：建筑构件建模功能、异形曲面构建功能、场地构建功能、构件信息查询、增加及编辑功能等。

2 结构专业：结构构件建模功能、节点设计、结构分析、构件编辑、自动扣减功能、二次结构深化、钢筋构建功能等。

3 安装工程：机电构件建模功能、管线深化设计功能，碰撞检测功能、管线分段功能、安装定位功能、深化出图等。

4 市政工程：三维曲线构建功能、可编辑的断面设计功能、曲面构建功能、断面生成功能、边坡设计功能、市政管网及桥隧构建功能等。

5 工程计量：符合国家或地方计量规范、可识别设计图纸或自由编辑构件、工程量统计功能等。

6 现场施工：场地布置功能，支持模板、砌体及脚手架自动排布、受力分析等功能。

6.1.2 协同管理平台准备

协同管理平台应具有良好的兼容性，并具备质量、安全和进度管理、匹配成本信息和施工进度模拟等功能，能够实现数据和信息的有效共享。具体功能应包括：建筑信息存储功能、图形编辑功能、文档管理功能、流程管理功能。

1 建筑信息存储功能

集成BIM模型所包含的各项信息，包括修改记录、专项模型信息、分析报告、变更信息等。支持模型上传下载及更新浏览。

2 图形编辑功能

支持对BIM数据库中的BIM模型分专业进行编辑、转换、发布等操作，支持测量长度、面积、体积等几何信息、模型任意位置的剖切观察。

3 文档管理功能

支持施工过程中产生的设计变更资料、施工质量保证资料、技术资料、安全资料等信息的上传及管理。

4 流程管理功能

应满足项目各相关方协同工作的需要，支持各专业和各相关方获取、更新、管理信息，可设定各参与方访问权限。

根据管理类型，常用的协同管理平台主要分为以下两类：

1）造价管理类：可关联施工过程中的进度、合同、成本、质量、安全、图纸、物料等信息，并进行管理。

2）协同管理类：兼容多种数据格式，集查阅、漫游、标注、碰撞检查、进度与方案模拟、动画制作于一体。

6.2 项目BIM应用规划

6.2.1 应用目标

项目BIM应用目标应考虑项目特点、团队能力、技术风险等因素，确保项目 BIM 应用的有效实施。项目 BIM 应用目标设定应包含：

1 质量管理：质量策划及实施，质量问题动态管理。

2 进度管理：进度优化及模拟，进度调整与检查。

3 成本管理：成本控制、分析、考核，合同、采购红线管理。

4 安全管理：安全技术措施设计，检查安全问题动态管理。

5 绿色施工管理：施工场地布置，绿色施工管理。

6 建筑部品 BIM 应用：部品选型与整体配置，部品设计与制作。

7 竣工交付：工程档案资料录入，竣工模型交付。

6.2.2 团队职责

项目 BIM 团队应包含：项目管理人员、专业 BIM 工程师和商务 BIM 工程师。项目 BIM 管理人员应在项目各阶段对 BIM 的实施进行规划、监督、指导。主要职责有：

1 制定 BIM 实施应用方案。

2 统一 BIM 实施标准。

3 制定 BIM 工作计划。

4 监督、检查项目 BIM 的执行情况与进展。

5 负责项目的资源调配。

6 管理与协调各专业 BIM 工作。

7 统筹管理、审核各阶段 BIM 成果。

专业 BIM 工程师包括土建、机电、市政、钢结构等 BIM 工程师，主要职责有：

1 搭建各专业 BIM 模型，并进行优化。

2 根据 BIM 模型提取工程量清单。

3 利用 BIM 技术优化施工方案等。

4 模型维护与更新。

5 采集、整理工程信息与 BIM 模型进行关联。

6 提交各阶段 BIM 应用成果。

商务 BIM 工程师负责项目全过程中商务管理。主要职责有：

1　制定目标成本和商务BIM工作计划并牵头实施。

2　商务BIM模型建立、维护及更新。

3　对比专业BIM工程师提取的工程量清单进行多算对比。

4　负责成本控制、分析、考核，合同、采购红线管理等。

5　管理平台的数据维护。

6.2.3　应用流程

项目BIM应用流程以BIM模型为主要载体，在工程各阶段开展应用，集成各阶段项目信息，最终实现数据化竣工交付（表6.2.3）。

6.2.4　建模规划

1　模型创建标准

依据统一的标准和流程进行模型创建，符合工程施工、造价和管理需要。具体应满足以下标准：

1）满足工程目标的需求。

2）统一的模型命名规则、模型坐标、项目样板等。

3）统一的模型创建深度要求。

4）满足清单计价规范的规格型号、材料、成本等信息。

5）开放的属性修改及添加功能。

6）模型拆分依据清单计价规范。

7）施工应用阶段，分层构建模型。

8）模型包含楼层信息。

9）设置统一的模型扣减规范。

10）墙板模型单元开洞采用编辑边界的形式构建。

2　模型准备

模型的获取方式分为两种：设计单位完成模型构建和依据设计单位或咨询单位提供的二维图元进行转换；将工程算量模型转换为可供BIM应用的BIM模型。这两种方式获取的模型应满足以下要求：

1）各专业构件的完整性和精确度必须符合设计施工图要求。

2）模型几何参数信息可供编辑，满足模型深化处理需求。

表 6.2.3　施工 BIM 应用总体流程图

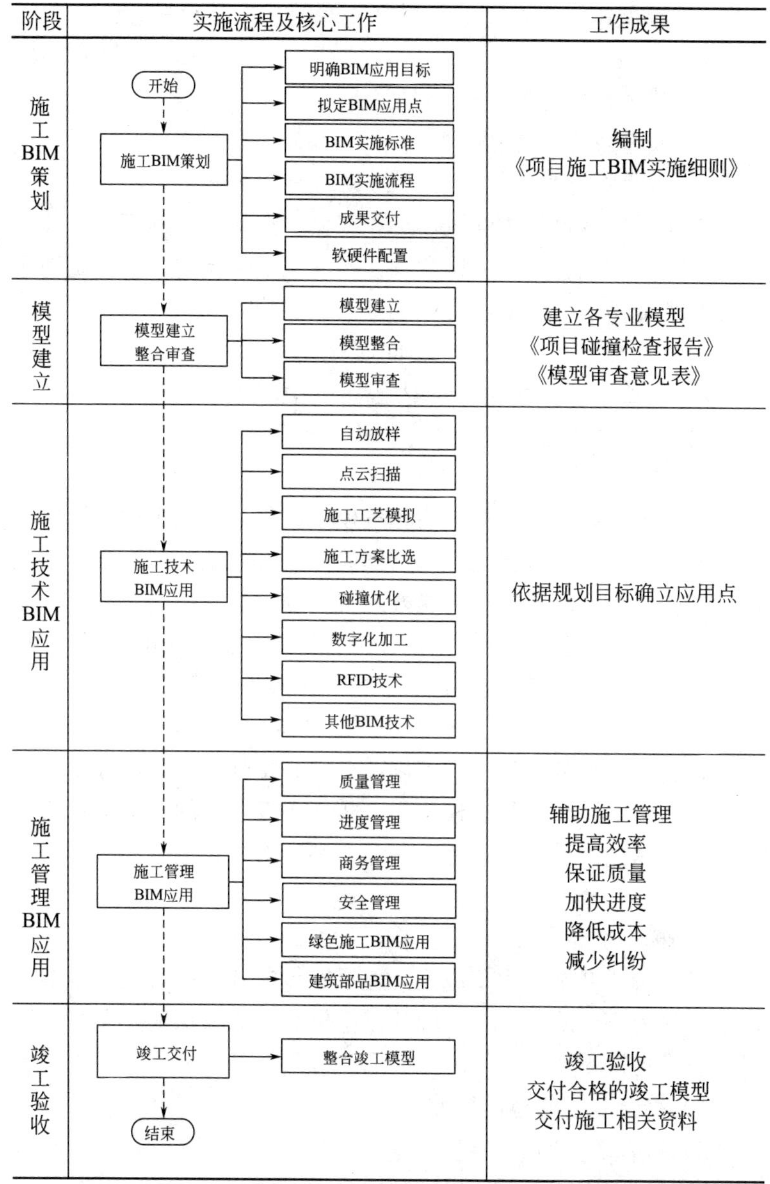

阶段	实施流程及核心工作	工作成果
施工BIM策划	开始 → 施工BIM策划：明确BIM应用目标；拟定BIM应用点；BIM实施标准；BIM实施流程；成果交付；软硬件配置	编制《项目施工BIM实施细则》
模型建立	模型建立整合审查：模型建立；模型整合；模型审查	建立各专业模型 《项目碰撞检查报告》 《模型审查意见表》
施工技术BIM应用	施工技术BIM应用：自动放样；点云扫描；施工工艺模拟；施工方案比选；碰撞优化；数字化加工；RFID技术；其他BIM技术	依据规划目标确立应用点
施工管理BIM应用	施工管理BIM应用：质量管理；进度管理；商务管理；安全管理；绿色施工BIM应用；建筑部品BIM应用	辅助施工管理 提高效率 保证质量 加快进度 降低成本 减少纠纷
竣工验收	竣工交付：整合竣工模型 → 结束	竣工验收 交付合格的竣工模型 交付施工相关资料

3）满足施工过程中各类工程信息的添加、修改以及编辑等。

4）模型构件命名、编码以及扣减等规则符合国标工程量清单计价规范要求。

5）模型构件可拆分成独立的子单元。

6）具备各专业之间模型交互功能。

3 模型深化处理

在工程实施过程中通过增加和细化模型元素对施工图设计模型进行补充和完善，生成符合规范的深化设计模型，以满足项目施工和功能需求。模型深化处理方式主要分为三类：

1）修改完善设计交付的BIM模型。

2）对二维图元转换的模型进行深化设计。

3）签证变更过程中修改完善BIM模型。

4 算量模型创建

创建符合国标计价规范的算量模型，提取模型工程量清单，进行多算对比、组价优化等，整体提升项目成本控制水平和企业风险管控能力。算量模型创建方式主要分为两类：

1）利用创建的BIM模型，转换为可供计价计量的算量模型。

2）利用BIM算量软件将二维图元转换为算量模型。

5 模型共享与交互

在构建模型的过程中，应以项目中心文件的形式，各专业参与人员在同一平台进行建模工作，实现各专业之间模型信息的交互协作，达到信息共享传递。各专业参与人员设定不同的用户权限，保证中心数据的安全性。

6 模型交付

各个阶段BIM应用完成后，通过审核的BIM模型交付至下一阶段。作为下一阶段BIM实施的模型资料，必须保证模型交付质量，应满足以下要求：

1）符合制定的建模标准。

2）符合统一的命名要求。

3）保证BIM模型与设计图纸、相应施工节点相一致性。

4）模型中应包含施工过程信息、深化设计、设计变更信息。

5）模型包含施工过程中的临时结构。

6）满足下一阶段 BIM 技术应用的需求。

7）所提交的模型都是经过碰撞检查、无碰撞问题存在。

8）所提交模型都不包含未使用项和外部参照。

9）包含施工坐标信息、原点坐标描述。

10）模型资料文件格式统一。

11）各阶段模型信息均是开放可编辑的。

7 项目质量管理 BIM 应用

7.1 一般要求

7.1.1 基于 BIM 的项目质量管理是依据质量方案创建质量管理 BIM 模型和专业深化设计 BIM 模型，进行质量策划和质量交底。将 BIM 模型上传至协同管理平台，依据流水段和施工段对 BIM 模型进行划分，进行质量检查和质量资料管理。

7.1.2 项目质量管理 BIM 应用应融合“计划、执行、检查、处理”循环工作方法，不断落实深化质量管理。

7.1.3 质量管理模型，即将施工重要样板、质量控制点、复杂节点等质量控制重点、难点部位，按工艺做法建立节点或局部 BIM 模型。

7.1.4 质量管理模型应达到指导现场施工的精细度，样板做法的施工工艺、工序应均有表达，模型应细化至最小材料单元。

7.1.5 专业深化设计 BIM 模型的内容一般包括：土建结构、钢结构、幕墙、机电各专业、装饰装修等深化 BIM 模型。此类深化设计 BIM 模型应在设计单位提供的 BIM 模型或根据图纸转换的 BIM 模型基础上深化为符合施工要求的专业深化设计 BIM 模型。

7.1.6 宜根据工程需要，将质量管理模型汇总、定期更新，形成标准化质量管理族库，进行技术积累，以供其他同类型项目调用。

7.1.7 在技术和管理方式上不断创新，如采用 BIM+ 物联网进行大体积混凝土测温，利用点云扫描技术进行质量管理等。

7.1.8 质量管理 BIM 应用成果包括：质量管理模型（含质量管

理信息)、质量问题处理记录、质量问题分析报告等。

7.2 应用要点

7.2.1 质量策划方式的转变:通过质量策划方案建立质量管理模型,模型应包含施工工艺、施工流程,模型的精细程度应满足指导现场施工的需求。

7.2.2 质量交底方式的转变:BIM模拟演示,以模型交底为主,帮助施工人员理解、熟悉施工工艺和流程。

7.2.3 质量检查方式的转变:收集现场数据上传协同管理平台,定期通过协同管平台,以部位、时间等维度对质量信息和质量问题进行汇总和展示,为质量管理持续改进提供参考和依据。

7.3 质量策划

7.3.1 通用质量策划

根据规范、设计文件、施工方案,建立BIM模型,并上传至协同管理平台,构件附加或关联施工质量管理信息(相关质量验收资料、现场记录、施工方案等),梳理筛选出重要施工样板、质量控制点、复杂节点,建立质量管理模型,并对施工工艺、工序进行动态模拟,以进行三维技术交底。

7.3.2 创优质量策划

在通用质量策划工作内容的基础上,结合规范、创优目标、创优方案建立深化设计模型,模型应包含机电深化模型、装饰装修深化模型(如地砖、墙砖排版设计)等,利用BIM模型进行三维技术交底,详尽地表达创优质量策划重点、要点。

7.4 质量交底

7.4.1 质量交底依据BIM模型进行三维模拟,表达设计意图,展示施工样板做法、质量控制点、复杂节点、工序施工。

7.4.2 交底方式可多样化，如以二维码形式张贴于对应的施工部位，操作人员通过扫描二维码，查看对应BIM模型，对质量要点进行确认，辅助现场施工。

7.5 质量检查

7.5.1 利用协同管理平台移动客户端，对现场质量隐患与问题进行描述，上传至云平台，形成质量报告，与质量管理模型对应位置相关联。

7.5.2 质量问题应及时处理，并依据协同管理平台上的问题记录，进行周期性的汇总归纳，分析问题成因，追踪整改情况，制定防范措施。

7.5.3 整改或处理完成后，将整改情况以同样的方式上传至协同管理平台，并注明相关整改信息，形成有据可查的责任路径，实现质量管理PDCA循环。

7.6 质量资料管理

7.6.1 在质量问题处理、质量验收时，应将质量问题处理信息、质量验收信息附加、关联到对应的模型资料库或构件部位。

7.6.2 可根据优质工程或各地方建设行政主管部门规定的创优具体要求，增加相关信息。

8 项目进度管理BIM应用

8.1 一般要求

8.1.1 基于BIM的项目进度管理是在BIM模型的基础上，附加时间信息，以模型动态的形成过程表现项目的施工过程，实现对进度的可视化管理。

8.1.2 按流水段、施工段分解工程项目，创建完整的工作分解结构，工作分解结构需尽量细致至每一项工序，施工流程的逻辑关系需明确。

8.1.3 根据任务节点提取所需工程量，并基于定额确定所需时间及资源配置。

8.1.4 基于BIM模型，附加或关联进度计划、人力资源、材料、机械等信息。

8.1.5 进度管理BIM应用成果包括：进度管理模型、进度模拟视频、进度计划图、任务节点工程量表、进度预警报告、实际进度与计划进度对比分析报告等。

8.2 应用要点

8.2.1 进度计划编制方式的转变：根据BIM模型确定进度计划中各任务节点所需工程量、时间及资源配置。

8.2.2 形象进度展示方式的转变：利用进度模拟，展现各节点滞后带来的影响。

8.2.3 进度计划调整与检查方式的转变：进度滞后应根据模型

反映出的滞后工程段和工程量，作为现场调整的依据。

8.3 进度计划模拟及优化

8.3.1 根据进度计划对BIM模型进行进度模拟，按不同的时间间隔对施工进度进行正序或逆序模拟，检查不合理安排。

8.3.2 根据进度推演的动态资源消耗量和资金需求量，合理安排资源配置计划和资金需求计划。

8.4 进度实施

8.4.1 利用优化后的进度计划，进行沟通、协调，分析上一阶段计划执行情况、布置下阶段生产计划。

8.4.2 及时收集项目的实际进度信息，并上传至协同管理平台，在同一视角下与进度计划进行比对。

8.4.3 利用协同管理平台制定进度预警规则，明确预警提前量和预警节点。

8.5 进度调整与检查

8.5.1 根据预警信息，进行进度偏差分析，重新调配现场资源或施工方案，调整后续进度计划并更新进度管理模型。

8.5.2 进度滞后时，利用进度模拟查看工作面的分配情况，分析互相干扰的原因。进度纠偏时，分析因纠偏措施增加的资源对成本、进度的影响。

9 项目成本管理 BIM 应用

9.1 一般要求

9.1.1 基于 BIM 的项目成本管理包括投标报价、成本计划、成本控制、成本核算、成本分析与考核、项目合同实施、项目采购实施、竣工结算等环节。

9.1.2 依据国家或地方计量规范创建 BIM 商务模型，或将设计 BIM 模型导入算量 BIM 软件转换为 BIM 商务模型。

9.1.3 依据施工进度管理和成本管理要求，在协同管理平台中赋予 BIM 模型时间、成本等信息。

9.1.4 BIM 商务模型导出工程量清单，一方面依据国家或地方计价规范、地方造价文件及市场信息发布价编制预算成本；另一方面依据资源采购实际价格和项目管理投入编制目标成本。在协同管理平台中将预算成本和目标成本分别关联至 BIM 模型，可进行成本管理 BIM 应用。

9.1.5 在协同管理平台中可进行各阶段生产要素计划、资金计划的管理。

9.1.6 将项目实施过程中的实际成本信息，包含人工费、材料费、机械费、管理费、措施费等上传至协同管理平台，与目标成本进行阶段性比对和最终结果核算。

9.1.7 项目设计变更及合同外签证的内容均应建立 BIM 模型或更新维护初始 BIM 模型，并将相关资料作为附件上传至协同管理平台中。

9.1.8 在协同管理平台中可对任意部位、任意时间节点进行多算对比、成分分析，查找分析偏差原因，制定纠偏措施。

9.1.9 以BIM模型为各项任务工程量审核依据，项目内外预结算工作做到计价合理、无漏项。

9.1.10 整理积累投标到竣工结算整个过程中的各项经济指标，并上传至协调管理平台。

9.1.11 成本管理BIM应用成果包括：成本管理模型、图纸问题统计、工程量清单表、物资采购计划、成本分析、分包结算书、产值申报计划、成本管理考核报告及竣工结算书。

9.2 应用要点

BIM技术应用给现行成本管理模式带来了改变，在深入推行的过程中，应重点关注以下要点：

9.2.1 计量方式的转变：基于BIM模型可自动提取工程量，实现相关数据的有效存储及方便调用，比传统方法效率更高、更加准确。

9.2.2 成本管理方式的转变：管理者将BIM模型与时间、成本信息匹配后，可调取各阶段生产要素计划，制定目标成本，资金计划；并能够按需对其进行拆分、统计和分析，实现不同维度的多算对比。

9.2.3 信息获取方式的转变：基于BIM模型的成本数据能够随工程进展及时更新，保证项目管理人员及时、准确获得成本管理所需的数据。

9.3 投标报价

9.3.1 建立BIM商务模型，编制工程量清单并与招标清单做比对，找出错算、少算、漏算项。

9.3.2 对招标清单进行市场询价、评估风险、经济分析，通过合理报价，编制适应项目特点的商务标书。

9.4 成本计划

9.4.1 提取 BIM 模型工程量，结合施工图纸、施工组织设计、现行建设工程预算定额与取费标准、材料预算价格和其他取费规定编制施工图预算，作为施工预算的控制标准。

9.4.2 提取 BIM 模型工程量，结合施工图纸、施工定额、施工及验收规范，施工组织设计编制施工预算。

9.4.3 依据施工预算确定单位工程中各楼层、各施工段分部分项工程所需的人工、材料、施工机械台班用量计划。

9.5 成本控制

9.5.1 实时从 BIM 模型中获取成本管理所需数据，对项目生产进行监督，对成本偏差进行纠正。

9.5.2 对 BIM 模型进行流水段划分，按照流水段自动关联快速计算出人工、材料、机械设备的资源需用量计划。

9.5.3 统计 BIM 模型各施工段材料用量，将数据拆分成实物量，实现限额领料。

9.5.4 施工单位在收到分包单位的工程结算书后，利用所掌握的 BIM 模型，核查工程量。

9.5.5 模型构件与造价关联，发生签证变更，整个 BIM 模型中与之关联的部位及造价自动更新，从而快速计算变更工程量，确定变更费用。

9.6 成本核算

9.6.1 定期维护 BIM 模型，采集记录模型现场信息，通过 BIM 对数据、信息的有效存储及调取应用，管理人员实时获取项目施工形象进度、施工产值统计、实际成本归集等成本核算所需数据。

9.7 成本分析与考核

9.7.1 BIM技术的三算对比，即合同价、计划成本、实际成本三者之间的对比分析。实现项目人工、材料、机械等费用的实时对比、过程控制、预判和纠偏。

9.7.2 制定项目成本管理考核对象、考核周期、考核内容，以过程考核为重点，考核内容应与项目进度、质量、安全等指标相结合。

9.8 项目合同实施情况

9.8.1 对外项目合同实施：根据时间段，如月度、季度、工程节点统计BIM模型相应时间段内的工程量，管理人员依据工程量编制形象进度产值向甲方申报，申请进度款的拨付。

9.8.2 对内分包合同实施：建立物资采购、劳务分包、专业分包、设备租赁等合同，将分包单位与BIM模型关联，细致分析合同相应资源的工料机，制定分包工程量红线。

9.9 项目采购实施

9.9.1 依据赋予了时间、成本的BIM模型，调取BIM模型中项目各施工阶段所需资源用量，制定项目用料计划。

9.9.2 通过集中采购平台进行物资采购，降低采购成本，实现四流合一。

9.10 项目竣工结算

9.10.1 在项目实施过程中同步进行信息采集与BIM模型更新，最终形成BIM竣工模型。

9.10.2 通过BIM竣工模型自查已存档的工程资料，审查竣工结算资料的完整性。

9.10.3 基于合同清单工程量，通过BIM竣工模型对缺漏项、工程量偏差或工程变更引起的工程量增减进行审查。

10 项目安全管理 BIM 应用

10.1 一般要求

10.1.1 基于BIM的项目安全管理是通过创建安全技术措施模型，进行安全交底、安全样板引路。通过BIM模型，进行危险源识别、安全防护设计、受力分析等。将BIM模型上传至协同管理平台，进行安全问题追踪和安全资料管理。

10.1.2 项目安全管理BIM应用应融合“计划、执行、检查、处理”的循环工作方法，不断深入安全管理活动。

10.1.3 宜根据工程需要，建立安全技术措施模型（包含安全防护样板做法、支模架等），形成标准化质量管理族库，进行技术积累，以供其他同类型项目的调用。

10.1.4 应使用不同阶段的场地布置模型和施工BIM模型进行场地漫游、施工模拟，对重大危险源进行辨识，便于现场人员对施工作业面危险源进行判断，并对照安全技术措施模型检查现场防护措施。

10.1.5 安全管理BIM应用成果包括：安全技术措施模型、材料统计、安全问题处理记录、安全问题分析报告等。

10.2 应用要点

10.2.1 安全技术方案编制的改变：通过安全技术方案建立安全技术措施模型，模型应包含搭设方式、施工工序，模型的精细程度应满足指导现场施工的需求。

10.2.2 安全交底方式的转变：以模型交底为主，利用BIM模型的可视化特性向施工人员展示及传递安全方案的实施要点。

10.2.3 安全技术措施检查方式的转变：收集现场数据上传模型，每一段时间利用BIM模型按部位、时间等角度对安全问题进行汇总和展示，为安全管理持续改进提供参考和依据。

10.3 安全技术措施设计

10.3.1 安全技术措施应包含安全防护设施、外脚手架、模板脚手架等模型，并关联专项方案。

10.3.2 模型应包含搭设方式、施工工序等要点，重大危险源应进行受力分析与计算。

10.3.3 模型应表达安全操作半径、洞口临边、高处作业防坠保护措施、现场消防及临水临电的安全使用措施等。

10.4 安全技术措施检查

10.4.1 BIM模型经三维展示及可视化交底后，应对照安全技术措施模型检查现场防护措施及危险源。

10.4.2 实时监控现场施工安全情况，利用协同管理平台移动客户端将安全隐患、问题上传至协同管理平台并关联模型相关构件。

10.4.3 以部位、时间等维度对协同管理平台中记录的安全信息和安全问题进行汇总和分析，为安全管理持续改进提供参考和依据。

10.5 安全资料管理

10.5.1 在安全问题处理、安全验收时，应将安全问题处理信息、安全验收信息附加、关联到对应的模型资料库或构件部位。

11 项目绿色施工 BIM 应用

11.1 一般要求

11.1.1 基于 BIM 的项目绿色施工应用，即通过 BIM 模型在“四节一环保”（节能、节材、节水、节地和环境保护）方面进行 BIM 应用。

11.1.2 建立并完善常用施工设备、临建 BIM 模型库，满足施工场地规划布置的需求。

11.1.3 根据施工 BIM 模型建立建筑材料数据库，并选用绿色性能相对优良的建筑材料。

11.1.4 根据场地布置 BIM 模型建立机械设备数据库，并对机械和设备进行能耗模拟，采用高性能、低噪声和低能耗的机械设备。

11.1.5 项目绿色施工 BIM 应用成果宜包括：施工场地布置模型、绿色施工模型、地形模型、平面布置图、土方平衡方案、材料控制计划等。

11.2 应用要点

11.2.1 施工场地规划方式的转变：根据《建筑工程绿色施工规范》GB/T 50905、绿色施工评价标准及项目实际情况，建立场地规划 BIM 模型。模型应进行性能分析，保证临时设施符合绿色施工评价标准，并以模型指导现场临建设施的建造。

11.2.2 资源节约评价方式的转变：依据绿色施工方案建立的相关模型，应进行性能分析（能耗模拟、光照模拟等）。根据分析数据评价绿色施工中的资源节约指标。

11.2.3 环境保护实施方式的转变：通过BIM模型深化设计减少材料损耗，如线材下料方式，面材及块材镶贴排板。

11.3 施工场地规划

11.3.1 根据施工不同阶段的资源需求和施工特点规划场地布置BIM模型，应分为：地基与基础阶段模型、主体结构阶段模型、装饰装修阶段模型。

11.3.2 施工场地规划模型应包含生活区及办公区临时设施、生产加工区、施工机械及机具、材料堆场、临时道路、水电管线、安全文明施工设施等内容。

11.3.3 根据场地布置BIM模型，合理利用有限的空间，对施工场地布置中难以量化的潜在空间冲突进行分析排除，提高建设用地利用率。

11.3.4 通过虚拟场地漫游与施工模拟，合理安排工作面，充分利用共有的机具资源并排除潜在的空间冲突。

11.4 资源节约和环境保护

11.4.1 依据绿色施工方案，建立施工废水循环再利用、防尘喷洒管线等各类绿色施工模型，模型的精细程度应能指导现场施工。

11.4.2 通过BIM模型进行自然采光和人工照明模拟，计算不同类型照明设备的用电量、采光系数、照度和亮度，精确量化项目绿色施工的资源节约数据。

11.4.3 通过BIM模型进行能效分析，计算可再生能源（风能、光伏、太阳能采暖供热等）生产量、节能效益、减排量，指导项目绿色施工方案的选定。

11.4.4 通过土方模型，制定土方平衡方案，并模拟推演挖填运输方案。

11.4.5 利用相关BIM软件进行计算与模拟排布，优化钢筋配料和钢构件下料方案，优化装饰装修深化方案，减少浪费。

11.4.6 通过BIM模型关联施工进度，选取时间段及部位，确定材料使用量，制定采购和使用计划，降低材料库存，减少材料浪费。

12 建筑部品 BIM 应用

12.1 一般要求

12.1.1 部品指由两个或两个以上的建筑单一产品或复合产品在现场组装而成，构成建筑某一部位功能单元，或能满足该部位一项或者几项功能要求集成产品的统称。包括但不限于屋顶、管道井、楼地面、卫生间、楼梯和储物柜等建筑外围护系统、建筑内装系统和建筑设备与管线系统。

12.1.2 应建立标准化 BIM 部品库，各部品信息包括但不限于生产厂家、材料、组装方式等格式。

12.1.3 项目前期应充分利用 BIM 技术进行全周期部品应用和实施规划。

12.1.4 部品施工应尽量符合国家“适用、经济、绿色、美观”的建筑方针和标准化设计、工厂化制作、装配化施工、一体化装修、信息化管理的要求。

12.2 应用要点

12.2.1 部品选型、设计制作与现场安装应事先确定标准化流程，围绕 BIM 模型展开工作，对应的部品构件 BIM 模型应随生产安装过程逐步补充完整信息。

12.2.2 应采用对应的 BIM 软件进行部品的设计，精细化模型导出的加工图深度应达到工厂制作的要求。

12.2.3 利用 BIM 模型的参数化设计优势，制作前应按照统一模数进行部品构件的拆分，精简构件类型，提高装配水平。

12.2.4 企业应逐步建立模块化预制部品BIM模型库，同时在工程管理、技术质量、物资物流、安全保卫等方面和环节充分利用信息化技术。

12.3 部品选型

12.3.1 部品选型应符合现行国家标准《建筑模数协调标准》GB/T 50002的规定。

12.3.2 对选型的部品建立标准段BIM模型，遵循少规格、多组合的原则，在标准化设计的基础上实现系列化和多样化。

12.3.3 结合部品预拼装BIM模型，对技术选型、可行性和可建造性进行方案评估。

12.4 部品设计与制作

12.4.1 各类部品布置设计应按照一体化设计原则，利用BIM的协同性、联动性，满足建筑、结构、给（排）水、通风与空调、智能化等各专业之间设计协同的要求。

12.4.2 应用BIM技术进行各专业部品冲突监测及虚拟仿真漫游，对节点进行深化设计，保证设计的完整性和系统性。

12.4.3 整体设计时利用BIM策划提前预留、预埋接口。

12.4.4 部品BIM信息应当规范化，结合CAM实现部品的数字化加工。

12.4.5 部品BIM模型在创建时应进一步补充完整编码信息，建立部品构件生产信息数据库，用于记录部品构件生产关键信息，追溯、管理生产质量及生产进度。

12.5 现场安装控制

12.5.1 现场安装前，应运用BIM虚拟建造技术对现场安装和施工管理人员进行部品组装交底。

12.5.2 现场施工进度计划应关联BIM模型，生成4D进度模型，直观、精确地反映整个建筑的施工情况。

12.5.3 利用部品BIM模型编码，结合信息化系统，实现对部品的跟踪管理。

12.5.4 按有关规定进行复验，见证取样、送检。现场各类检验记录、表格、图片应关联相应部位的BIM模型，为竣工模型提供数据。

12.5.5 各工序须按照生产工艺要求进行质量控制，相关专业工种之间配合应依据前期确定的BIM模型进行交接检验。

12.5.6 施工单位应针对部品构件的特点，采用相应的安装方法，利用BIM技术对各部品进行虚拟拼装模拟、装配进度模拟，尽量减少现场支模和脚手架搭建，提高现场安装效率。

13　竣工管理 BIM 应用

13.1　一般要求

13.1.1　基于 BIM 的竣工管理，注重在施工过程中将工程信息实时录入协同管理平台，并关联 BIM 模型相关部位，最终形成与实际工程一致、包含工程信息的竣工模型。

13.1.2　竣工模型的信息录入、集成、提交，采用全数字化表达方式，对工程进行详细的分类梳理，建立可视化、结构化、智能化、集成化的工程竣工档案。

13.1.3　竣工 BIM 成果应包括但不限于以下内容：

1　竣工 BIM 模型（包含完整、准确的施工阶段几何信息及非几何信息）。

2　竣工 BIM 成果资料（过程实施资料、竣工资料及多媒体资料、工程量清单、模拟方案、汇报报告）。

13.2　应用要点

13.2.1　竣工交付方式的转变：竣工交付阶段结合 BIM 技术采用数字化交付，实现实体工程与数字工程的同步交付，将施工准备阶段和施工过程阶段积累的数据、资料信息附加在 BIM 模型上，为运营维护提供可查询、调用的建筑数字资产，为竣工交付增值。

13.2.2　竣工资料审核方式的转变：数字化的竣工模型应包含施工过程资料及工程验收所需资料；并按资料移交标准梳理，在审核时可快速检索、提取。部分资料可利用计算机进行自动审核，便捷高效、即时审核，过程留痕、便于监管。

13.3 竣工模型交付

13.3.1 竣工模型的数据来源：协同管理平台中存储的BIM模型、新增或修改的变更资料、必要的检验及验收资料。

13.3.2 模型、构件的精度应满足国家、地区现行标准规范或建设单位要求。

13.3.3 施工模型应准确表达竣工的工程实体，如表达不准确或有偏差时，应当修改并完善模型相关信息。

13.3.4 竣工模型提交应按照交付对象的要求，对模型进行轻量化处理，并应确保模型信息完整。

1 竣工模型提交对象为政府主管部门时，施工单位应按照与建设单位合约规定，配合建设单位完成竣工交付。

2 竣工模型提交对象为建设单位时，施工单位应按照与建设单位合约规定，交付成果。

3 当竣工交付成果用于企业内部归档时，竣工交付成果应符合企业BIM制度、规章要求，完善工作应由项目部完成，经企业BIM管理部门审核后归档。

13.4 竣工档案管理

13.4.1 BIM竣工模型中的信息，应满足国家、地方及行业现行标准中对质量验收资料的要求。如涉及运维部分，应满足业主运维管理所需资料及信息要求。

13.4.2 与工程实体部位、构件有对应关系的资料，应关联至协同管理平台中的对应模型部位，否则，应在平台中根据竣工资料目录分类标准，建立结构化资料库，以便快速检索、提取。

13.4.3 竣工模型资料包括但不限于：施工管理资料、施工技术资料、施工测量资料、施工物资资料、施工记录、施工试验资料、过程验收资料、竣工质量验收资料等。对竣工模型有运维需求的项目，还应包含设备材料信息、系统调试记录等。

13.4.4 模型资料交付前，必须进行内部审核，录入的资料、信息必须经过检验，并按接收方的需求进行过滤筛选，不宜包含冗余信息。

附录A　房建工程案例

A.1　项目概况

A.1.1　工程简介

某廉租房项目，总建筑面积 28099.6m²，工程共有五栋，合同工期 160 天，设计图纸设计于 2010 年，多处设计不满足现行规范要求，地质勘察报告存在多处与实际不符的情况。该项目整体模型图见图 A.1.1。

图 A.1.1　项目整体模型

A.2　BIM 应用解析

A.2.1　模型建立

根据公司 BIM 建模标准，制定适合本项目的土建、钢筋、安装的建模规则，分别建立场地布置模型及各栋号土建、钢筋、机电模型。

A.2.2 建设方案论证

某栋原设计基础为灌注桩，后变更为条形基础。通过 BIM 软件，对原桩基础方案与拟变更方案进行工程量提取和进度模拟，对比发现，仅材料费用可节省 10 万元。

基础方案优化造价对比见表 A.2.1。

表 A.2.1 基础方案优化造价对比

	钢筋混凝土（m^3）	砌体（m^3）	模板（m^2）	其他（m^3）
原基础方案	609.65	182.19	297.11	633.84（桩基钢筋混凝土）
拟变更方案	375.5	193.44	643.7	571.08（级配砂石）

A.2.3 前置性的设计优化

二维图纸对于构件空间关系的表达有限，多方面变更中隐含的构件冲突难以被察觉。项目部接到设计变更通知后，通过模型参数化调整，快速发现了若干设计缺陷。

以过梁、窗冲突为例。原设计层高 3.6m，其中门高 2100mm，过梁高 300mm，窗高 800mm，主梁高 400mm，层高调整后，门、窗、过梁尺寸未同时调整，导致过梁与窗发生冲突。项目部将此情况向业主、设计方反馈，经设计同意，将过梁高调整为 120mm，窗高调整为 480mm，解决冲突。层高变更前后设计图见图 A.2.3-1，优化后设计见图 A.2.3-2。

A.2.4 材料用量核算

动工前，从 BIM 模型中分栋号、分楼层、分部位提取工程量，制作材料用量表。施工过程中，统计实际用量，对计划外用量进行分析，采取纠偏措施。

A.2.5 项目资料管理

在纸质资料编制管理的基础上，将纸质资料扫描上传至 BIM 云平台，在对应栋号、楼层、构件位置与 BIM 模型挂接（图 A.2.5），

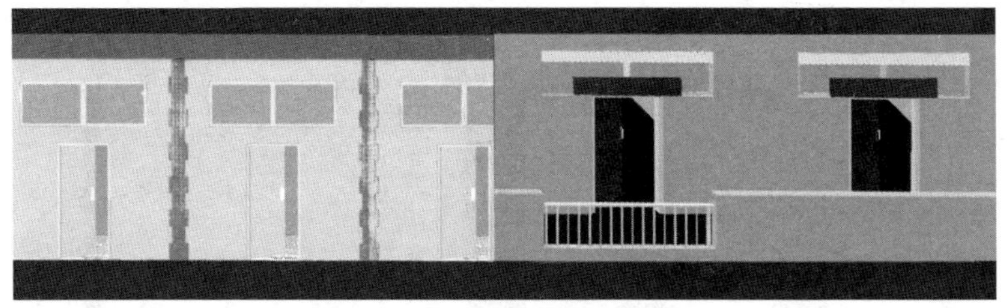

图 A.2.3-1　层高变更前后

原设计：2100（门）+300（过梁）+800（窗）+400（主梁）=3600（原层高）
层高变更后：2100（门）+300（过梁）+800（窗）+400（主梁）>3100（变更后层高）
优化后设计：2100（门）+120（过梁）+480（窗）+400（主梁）=3100（变更后层高）

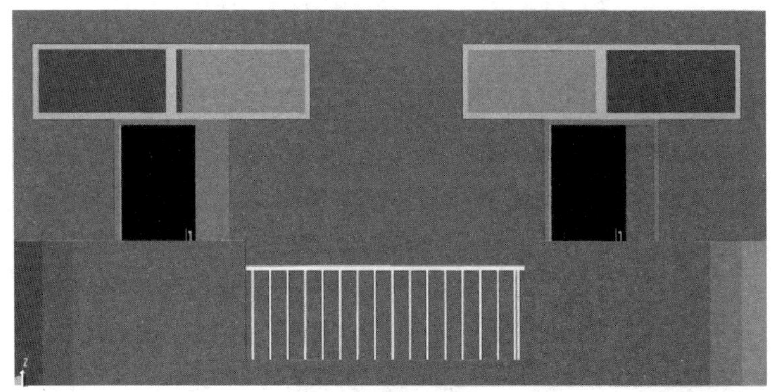

图 A.2.3-2　优化后

形成结构化的、便于查询审阅的资料库。公司管理部门在云平台上调取资料进行检查，提高了公司检查项目资料的效率，加强了管理力度。

A.2.6　材料专项管控

针对钢筋、混凝土、砌体、模板、外墙及地面砖材料用量，利用 BIM 模型的精确提量功能，实现精细化的材料采购，并在施工中对材料用量进行严格管控。饰面砖排板及材料统计见图 A.2.6。

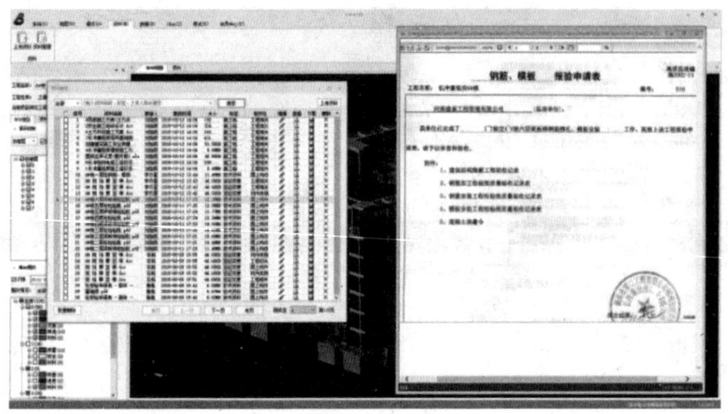

图 A.2.5　资料挂接模型

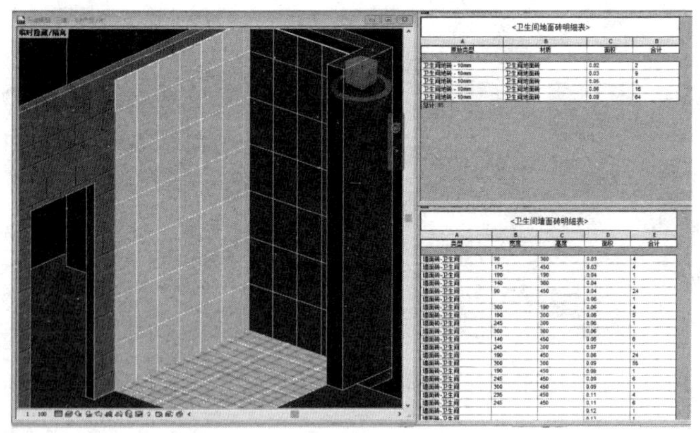

图 A.2.6　饰面砖排板及材料统计

A.2.7　项目产值统计

项目二次开发 BIM 平台，将量价合一、关联进度的 BIM 模型上传至 BIM 平台，录入实际进度即可体现每日产值动态变化。通过此模式，项目管理者能够及时掌握项目整体利润水平，改变以往项目管理仅能在结算阶段得知项目盈亏的情况。项目产值曲线见图 A.2.7。

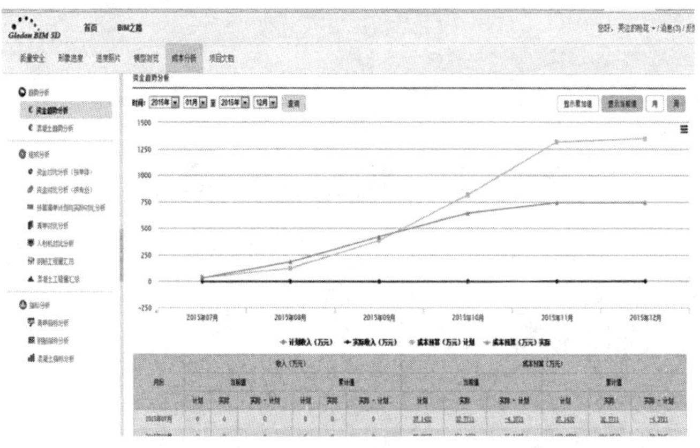

图 A.2.7　项目产值曲线

A.3　应用总结

本文以某廉租房项目为例，分述了BIM应用对建设方案论证、设计优化的前置、材料用量核算、材料专项管控、项目产值统计的改进和成果，上述BIM应用具有广泛适用性，尤其是在项目成本管控上，BIM的快速提量、可模拟化特性，为事前、事中、事后管控制度的真正落实，提供了技术保障。

附录 B　市政工程案例

B.1　项目概况

B.1.1　工程简介

某市政工程是城市交通性主干道，项目全长 28.2km，其中城区段 10km，景区段 18.26km，按双向四车道建设，总投资额 37.31 亿元。项目采用 BOT 建设模式。项目整体模型见图 B.1.1。

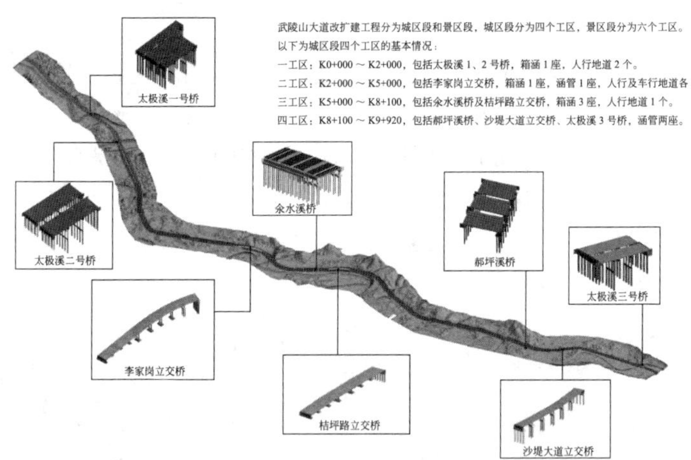

图 B.1.1　项目整体模型

B.1.2　项目特点及重难点分析

1　工程位处山区腹地，地形地貌复杂，整个工程包含有 41 座桥梁以及 4 座隧道，同时涉及高路堤及深路堑施工，施工难度大。

2 项目工期仅为2年，施工中必须科学组织，合理安排，确保施工中各个环节紧密衔接，方能确保工期目标的实现。

3 工程共分为10个工区同时施工，每个工区有2个以上节点，项目协调管理难度大。

B.2 BIM应用解析

B.2.1 参数化桥梁建模

项目制定桥梁BIM模型建模标准，按照桥梁工程量清单对桥梁构件进行拆分，统一各构件命名规则，在Revit软件中按照构件分类建立与项目相适应的桥台、桥墩、箱梁等族模型文件，实现快速参数化建模（图B.2.1），按照清单项导出详细的模型工程量，为项目工程量统计、材料管控、资金审核等提供依据。

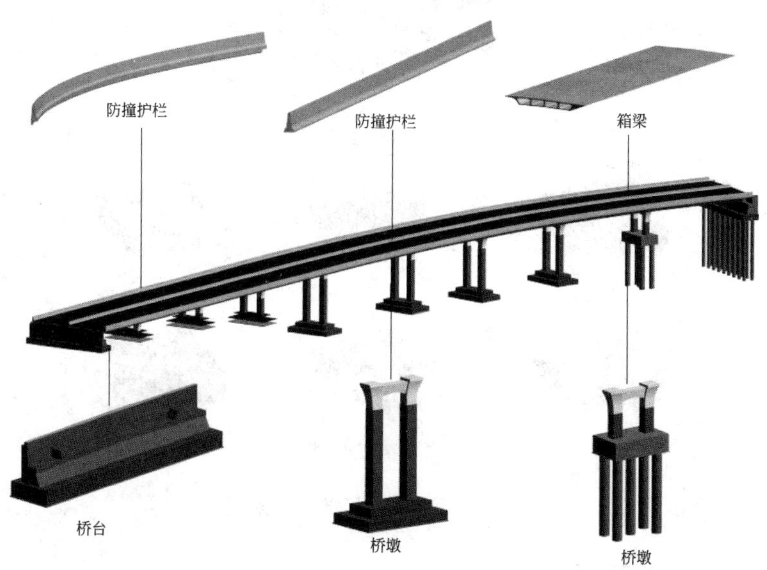

图B.2.1 李家岗路跨线桥

B.2.2 参数化道路建模

在 Civil 3D 软件中根据道路各标准断面图、路面结构设计图建立道路部件，进行道路装配，建立道路模型，可提取任意桩号，任意施工段间道路各结构层、边沟、挡土墙等构件工程量。

B.2.3 石方工程量计算

依据地形图创建原始地形曲面，根据道路横纵断面设计生成道路模型，对各桩号或工区段挖填土方量进行计算，输出土方施工图，使土方总运输量最小或土方运输费用最少。依据地勘数据，及土方隐蔽验收记录，完善地质模型，将土石方工程量分类导出，作为结算依据，辅助隐蔽工程成本控制及对外产值报送。

土方模型见图 B.2.3-1，各级护坡开挖模型见图 B.2.3-2。

图 B.2.3-1 土方模型

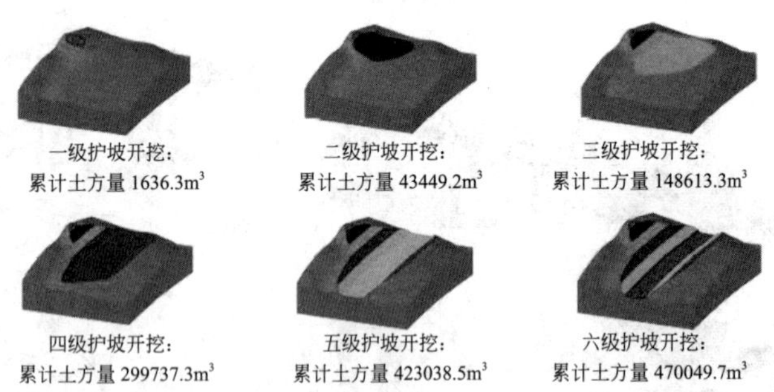

图 B.2.3-2 各级护坡开挖模型

B.2.4 材料管控

利用 BIM 模型快速、准确拆分、汇总并输出任一细部工作的消耗量标准，结合工程形象进度安排材料采购计划，保证工期与施工的连续性。材料员根据工程实际进度，提取施工各阶段材料用量，在下达的材料计划单中，作为材料部门的控制依据，施工完成后将实际工程量与模型量对比，及时对偏差部分进行纠偏分析。

B.2.5 施工进度模拟

将模型与进度进行关联，为项目部管理人员直观展示各工区、各区域的进度推演情况（图 B.2.5），对各工区之间出现的工序重合、交叉、延误等问题进行逐一修改，并提前制定应对措施，优化进度计划和施工方案，直观展现各专业进度关系，指导资源调配及施工部署。

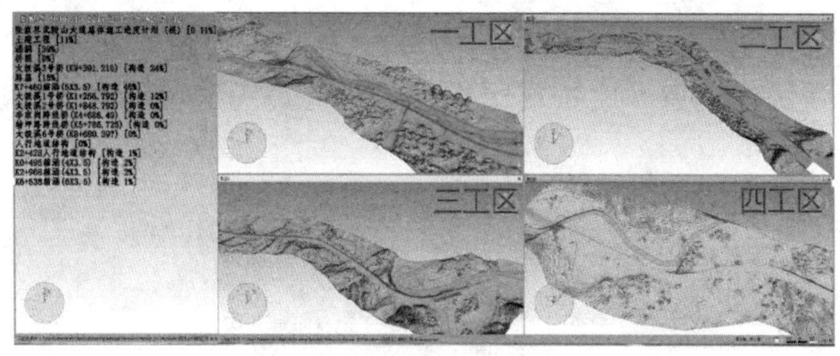

图 B.2.5 进度模拟

B.3 应用总结

项目以 BIM 模型为基础，探索指标化管控，建立协同工作模式，解决各工区信息收集难、项目调度难等问题，提升整体运行效率。依托全专业的 BIM 模型，把控资金支付、组价上报产值，加强企业对项目的管控。

附录C　交通工程案例

C.1　项目概况

C.1.1　工程简介

某通道项目线路全长6.68km，双向6车道，抗震设防烈度为8度；设隧道1座（5300m），互通立交2处，管控中心1处，收费站1处，风塔两座。建设标准为一级公路兼城市道路功能，是国内首条8度抗震区大直径过海隧道。项目整体模型见图C.1.1。

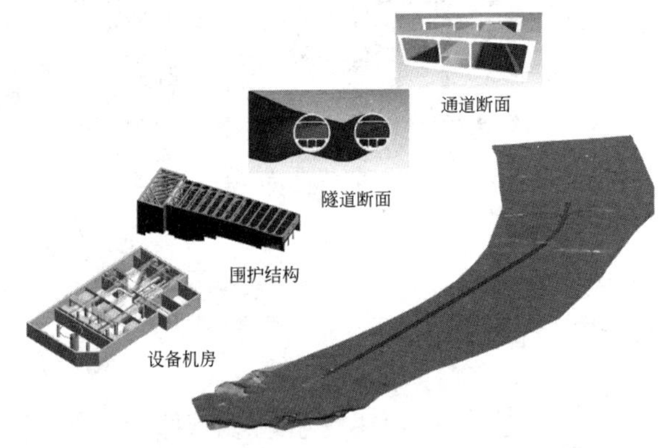

图C.1.1　项目整体模型

C.1.2　项目特点及重难点分析

1　项目设计包含线路、隧道、通风、照明等多专业，相互交叉，容易出现错漏碰缺，导致拆改变更，影响工期及投资。

2　地下管线众多，涉及燃气、供水、广电、通信、军事、供电等部门，管线迁改对施工影响大。

3　项目盾构隧道工程地质条件受区域地质构造影响，地质条件复杂，施工过程中不可预见因素较多，施工难度大。

C.2　BIM 应用解析

C.2.1　参数化设计

参数化设计方法应用在本项目方案设计的各个阶段，从钢支撑、格构柱到隧道设计都借助了参数化软件建立逻辑模型，通过定义项目的复杂几何关系，为后续的施工图设计提供基础模型及数据。参数化格构柱见图 C.2.1。

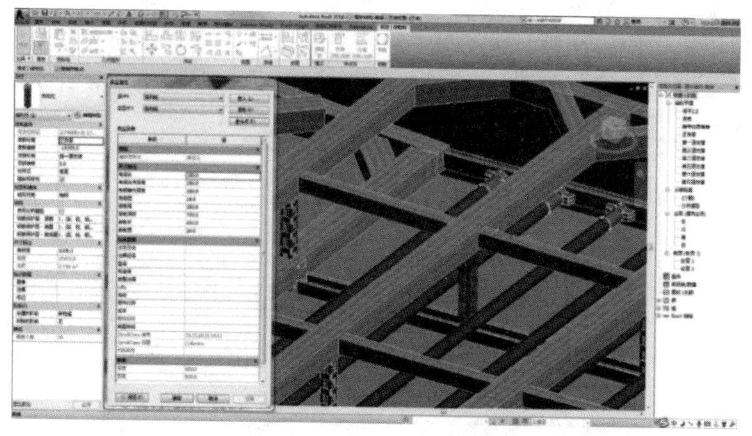

图 C.2.1　参数化格构柱

C.2.2　可视化编程设计

使用 Dynamo 对盾构隧道管片进行可视化编程设计（图 C.2.2），设计出隧道管片模型，直接出各管片详图尺寸，并统计出每种管片工程量，便于后期管片预制及材料供应。

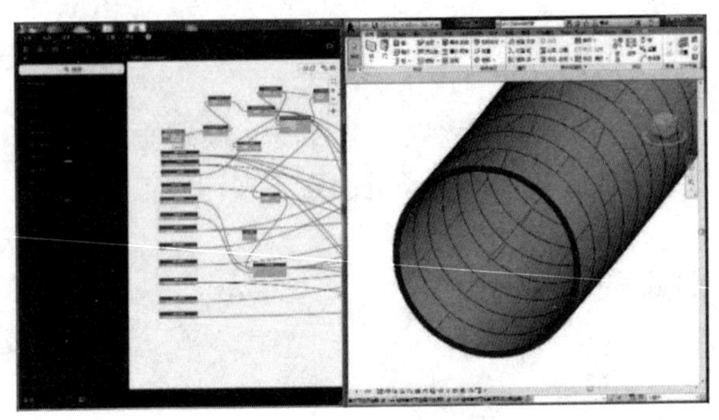

图 C.2.2 Dynamo 管片设计

C.2.3 机电深化设计

由于路线设计是空间三维曲线，需兼顾多专业协同和空间的复杂性，对机电专业的设计提出更大挑战。针对该项目特点，制定了机电建模样板，分别建立各专业机电模型，进行碰撞检查，汇总统计碰撞问题，出具相应的深化设计模型并反馈至设计单位（图 C.2.3）。

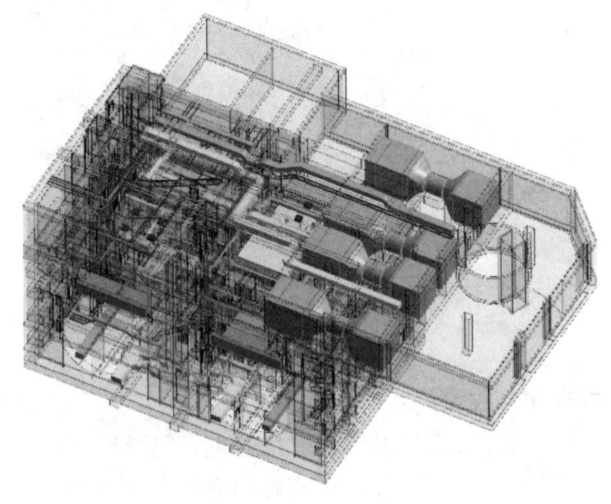

图 C.2.3 盾构接收井深化设计模型

C.2.4 市政管线迁改

地下管线复杂，拥有电力、光纤、给水等各类管线，通过现有地下管线探测，建立现有地下管线模型进行分析，模拟不同阶段管线搬迁的状态和隧道的建设状态，使得管线搬迁方案的目的性更加明确、直观，设计出最优的管线拆改方案，节约施工工期（图 C.2.4）。

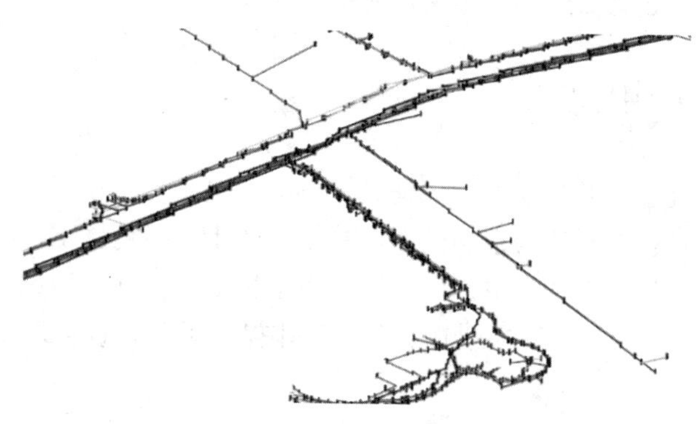

图 C.2.4　市政管线迁改

C.2.5 项目进度管理 BIM 应用

利用 Navisworks 软件，将模型与进度进行关联，为项目部管理人员直观展示各工区、各区域的进度推演情况，有效解决各工区之间出现的工序重合、交叉、延误等问题。提前发现模拟中存在的问题，制定应对措施，直观展现各专业进度关系，优化进度计划，指导资源调配和施工部署。

通过进度模拟，发现原工期排布中南岸后配套段 04 节至 06 节基坑开挖及主体结构施工安排时间过短，没有考虑混凝土养护时间，重新调整后无法保证重要施工节点 9 月 19 日盾构始发井结构完工，为保证此节点目标，将盾构井后配套主体结构两道 ϕ609 换撑改为一道 ϕ809 换撑，经模拟分析，每段主体结构节省 9 天的拆装时间，整个后配套节省 54 天的工期。

C.2.6 项目材料管理 BIM 应用

在 BIM 工程量统计应用过程中，按照《市政工程工程量清单计价规范》拆分子项，根据该项目的实际情况制定相应的 BIM 应用标准，在建模过程严格按照该标准的要求建立各阶段的 BIM 模型，最终在该模型的基础上可以直接、快速、精确地计算项目工程量。确保每个工程节点的土方挖填量、混凝土等主材用量的准确性，指导物资采购，实现材料精确管理。

C.3 应用总结

通过创建 BIM 模型，验证设计方案并进行深化设计，共计解决图面问题 127 处，根据模型出具施工图指导现场施工。统计工程量与设计工程量清单比对提高工程造价的可控性，通过进度模拟优化施工工序节约工期 54 天，整体提升了项目设计的准确性和项目管理效率。

附录D　机电工程案例

D.1　项目概况

D.1.1　工程简介

某办公楼为框架核心筒结构，总建筑面积 51660 ㎡，地下室建筑面积 16826 ㎡，建筑总高 108.4m，地下 3 层为车库和设备用房，地上 23 层为办公楼，为典型的高层办公楼建筑（图 D.1.1）。

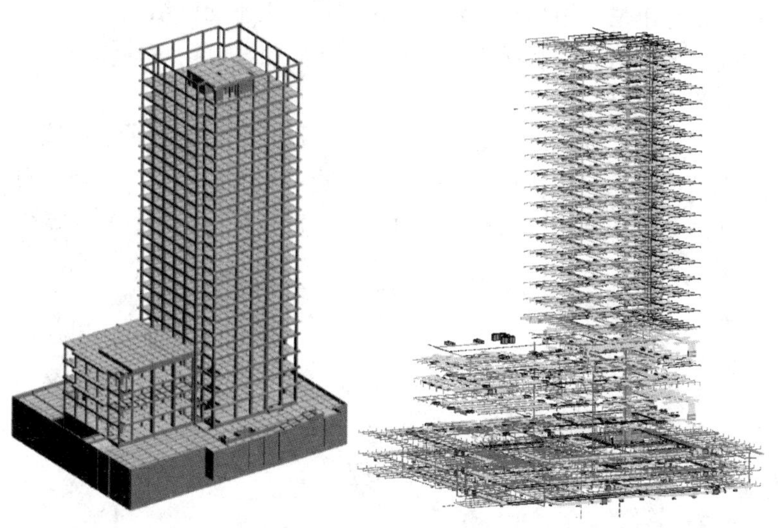

图 D.1.1　项目结构模型（左）、机电模型（右）

D.1.2　项目特点及重难点分析

1　地下室集中了喷淋，消火栓、防排烟、空调通风、强电，弱电、给水、污水等各类管道系统，设计院图纸仅对各专业管线进行了平面布置，叠加碰撞多，需进一步深化。

2 地下室金库有特殊车辆出入，净高要求不低于 2.8m，设计结构净高仅 3.4m，管线安装空间紧凑；地下室多个区域有不同高度的降板，管线升降位置多；此外，无梁楼盖伞形柱帽的存在也增加了管线和支吊架排布难度。

3 机电安装工程施工合同工期仅 100 天，各专业管线安装的交叉施工多，如何安排合理的施工计划和施工工序是本机电安装工程的重点和难点。

D.2 BIM 应用解析

D.2.1 模型建立

设计单位应用传统的 CAD 软件进行二维平面图纸设计，没有设计模型可供参考和深化，因此进行了二维 CAD 图纸的翻模建模工作。

项目制定机电 BIM 模型建模标准，统一模型各管道系统命名规则，建立与项目相适应的机电样板、族库和协同文件库。对设计院二维图纸按建模规则进行拆分，建立机电全专业管道系统模型。

D.2.2 机电深化

1 碰撞检查

应用 BIM 技术辅助图纸会审，通过碰撞检查及虚拟漫游等手段，整理出各类管线碰撞 1419 处，自行规避 1374 处，报设计修订 45 处，表 D.2.2 为碰撞检查示例。

2 管线综合

遵循大管让小管、压力管避让重力自流管、工程量小避让工程量大的管线等原则对项目机电全专业进行管线综合。选取地下车库某喷淋支管与消防排烟管交叉调整进行分析，喷淋管径 DN32，消防排烟管尺寸 1200×400，喷淋管道小且翻弯工程量小，调整喷淋管道，避让排烟风管（图 D. 2. 2-1）。

表 D.2.2　碰撞检查问题示例分析

<table>
<tr><td>冲突分类</td><td>A 类净高不足，影响空间使用</td><td>问题位置</td><td>B3 层 6 ～ 8 轴交 L ～ M 轴车道上方</td></tr>
<tr><td>问题描述</td><td>强电桥架与排烟风管交汇，桥架位于风管下方，底高 2400mm，不满足最低 2800mm 的要求</td><td>涉及专业</td><td>暖通、电气</td></tr>
<tr><td>优化建议</td><td colspan="3">排烟风管缩短并调直至 7 轴，尺寸由 800×300mm 改为 1000×300mm；桥架安装高度提升至 3200mm</td></tr>
<tr><td colspan="4">问题截图</td></tr>
<tr><td colspan="2">优化前</td><td colspan="2">优化后</td></tr>
<tr><td colspan="4">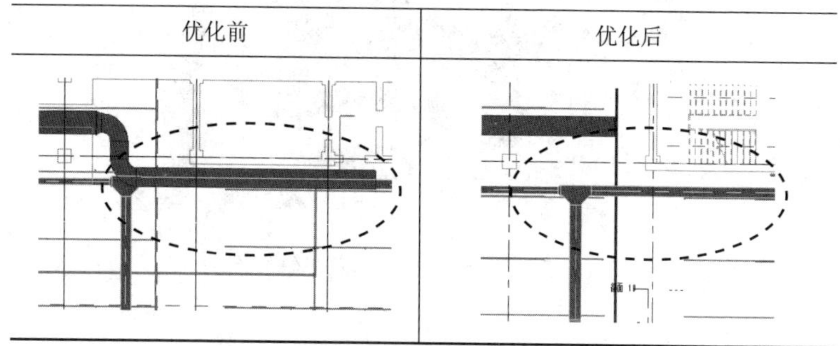</td></tr>
</table>

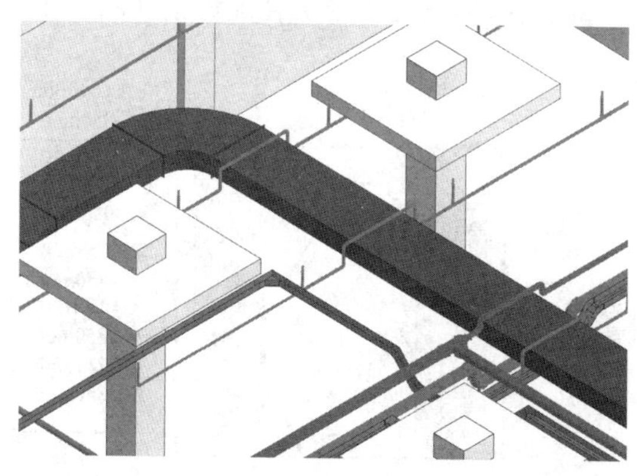

图 D. 2. 2-1　地下室某部位三维管线综合图

3　设备机房深化

对空调机房、排烟机房、消防水泵房等重要的设备机房进行深化。出具预留预埋图、设备布置图、机房三维视图等机房深化图纸和模型指导精细化施工，把控施工质量（图 D.2.2-2）。

图 D.2.2-2　消防报警阀间三维视图

4　综合支吊架

该项目管线复杂部位均采用综合支吊架（图 D.2.2-3）。选

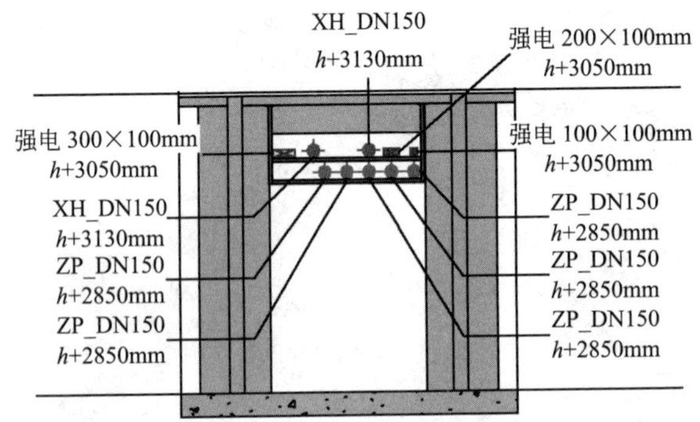

图 D.2.2-3　地下室核心筒走道综合支吊架

取地下二层核心筒部位进行分析。该部位5根DN150的喷淋主管，2根DN150的消火栓主管以及3根强弱电桥架同时经过。通过综合支吊架集成该部位所有管线，严格区分各管线层次和标高，同时实现可视化调整和受力校核。

D.2.3 施工管理

应用机电深化模型对项目机电施工进行进度、成本管理。

1 进度管理：通过Navisworks中TimeLiner关联Revit模型构件进度信息，建立管线复杂部位4D模型（如公共走道、泵房出管管廊位置），管理人员在三维可视化环境中查看和模拟施工作业过程，识别潜在的机电管线施工作业次序错误和作业安排冲突，合理安排作业进度。

2 成本管理：通过机电管线碰撞检查，提前发现碰撞，消除碰撞，达到事前控制；通过机电BIM模型分系统、分施工段导出机电管线材料清单，限额领料，进行事中控制；通过对比管材实际使用量和模型材料量，得出经验指标，指导后续项目管道安装损耗指标化管理，进行事后控制。

D.3 应用总结

在三维模型中进行碰撞检查、管线综合、设备机房深化、综合支吊架设计等BIM应用，效率高、效果直观，避免了安装工程中常见的“错、漏、碰、缺”等问题，降低工程整改率70%，节约施工成本10%。利用BIM技术进行空间分析和优化、4D进度管理、成本管控，切实提升了工程技术和质量水平。

附录 E　钢结构工程案例

E.1　项目概况

E.1.1　工程简介

某钢结构项目规划总用地面积 20524.00m^2，总建筑面积 1473.80m^2，由双螺旋体景观构筑物、服务中心、人行天桥、入岛桥及室外广场组成。其中，双螺旋体景观构筑物结构形式为大截面空间弯扭结构，是目前世界上最大的双螺旋体钢结构（图 E.1.1）。

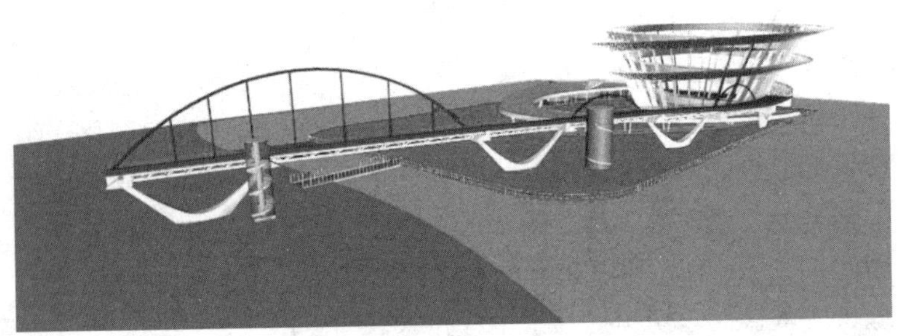

图 E.1.1　项目整体模型

E.1.2　项目特点及重难点分析

1　安装测控精度要求高。本工程属于大截面空间弯扭结构工程，高精度测量控制网（平面控制网和水准控制网）的建立及传递是整个工程测量的重要基础。

2　异型模板翻模难度大。人行天桥“V”型变截面桥墩下部厚度2.4m，上部接近1m，剖面呈外直内弧，造型复杂，模板翻模难度大。

3　钢构件拼装、吊装作业多。整个工程大小构件多达1.8万个，合理的组织拼装、吊装是一大难点。

E.2　BIM应用解析

E.2.1　图纸会审

本项目建立了土建模型和钢结构模型，模型整合后进行碰撞检查，检查出人行天桥桥墩与服务中心顶板发生了碰撞，服务中心承台标高高于地坪标高，提前发现设计缺陷并反馈给设计院，设计院及时作出变更，减少返工（图E.2.1）。

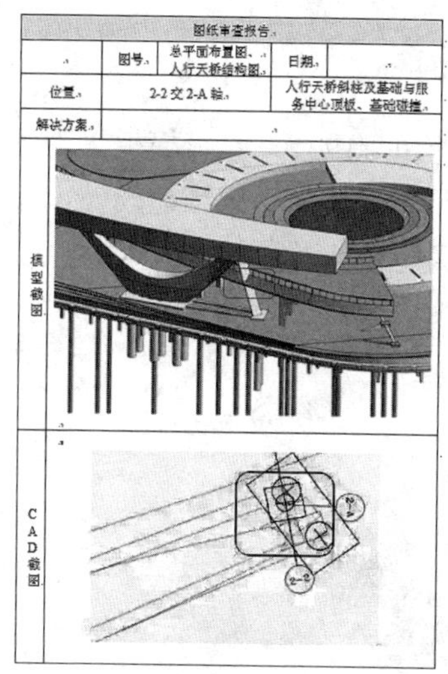

图纸审查报告				
	图号	总平面布置图、人行天桥结构图	日期	
位置	2-2交2-A轴		人行天桥斜柱及基础与服务中心顶板、基础碰撞	
解决方案				
模型截图				
CAD截图				

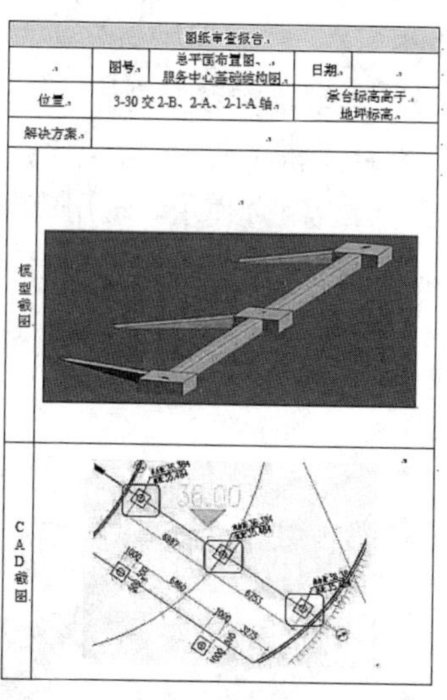

图纸审查报告				
	图号	总平面布置图、服务中心基础结构图	日期	
位置	3-30交2-B、2-A、2-1-A轴		承台标高高于地坪标高	
解决方案				
模型截图				
CAD截图				

图E.2.1　桥墩与顶板碰撞（左）、承台高于地坪（右）

E.2.2　吊装方案模拟

双螺旋体钢结构是整个项目的重点，吊装工序多、安装工期紧。螺旋体施工前，使用BIM软件进行吊装工艺模拟：考虑吊装期间构筑物的整体稳定性及变形要求，采用“地面散件拼装、分段整体吊装、高空单元组装”方法进行安装，钢斜立柱分三次进行吊装，内外环道随着钢斜立柱的吊装，分别顺时针及逆时针进行吊装，合理安排构件的安装进度，确保在150天内完成双螺旋体钢结构安装（图E.2.2）。

图E.2.2 吊装方案模拟

E.2.3 异型结构深化设计

人行天桥主桥墩为异型结构，墩身内圆外直，模板采用钢模板与胶合板组合使用。运用有限元计算技术和三维建模技术，对异形桥墩的定型钢模板进行施工深化设计及预加工，保障施工质量（图E.2.3）。

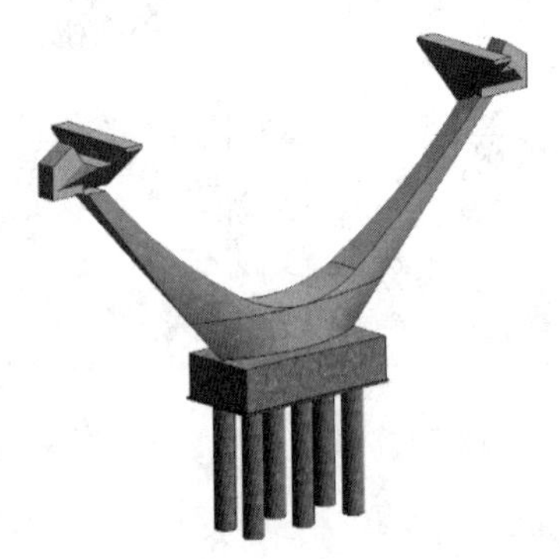

图E.2.3 “V”型桥墩深化设计模型图

E.2.4　预制加工

螺旋体环形坡道、螺旋体斜立柱、人行天桥桥面桁架进行工厂化数控加工。首先进行数控编程，基于模型输出数控文件，并进行套料及切割模拟，自动生成排版图纸及多种类型的下料作业指导书。将下料作业指导书输入数控机床进行工厂化数控加工，可以减少工装数量、保障加工精度、提高加工效率。

E.2.5　智能测量 BIM 应用

景观构筑物为大截面空间弯扭结构，构件形式多样，测控工作量大。常规测量手段无法满足工程平面及空间定位精度要求，采用“BIM+ 智能型全站仪”测量方法对异型钢结构空间三维坐标进行内控外控结合法放样；使用自动照准 WinCE 智能全站仪通过三维坐标实时校正，并对 32 根斜立柱进行循环测控，保障了工程的测量放样精度和放样效率，保证了双螺旋体异型钢结构顺利合拢。

E.2.6　项目进度管理 BIM 应用

为保证进度在可控的范围内，合理组织流水施工。整体的施工顺序为，预应力方桩施工，湖堤砌筑，螺旋体基础浇筑，斜立柱吊装，环道单元吊装，“V”型桥墩混凝土浇筑，三角桁架桥段吊装，后期装饰施工。进行 4D 进度模拟中（图 E.2.6），发现潜在进度风险，将人行天桥桥面桁架吊装与双螺旋外环道悬臂段吊装进行优化，减少 200t 吊车进出场 1 次。

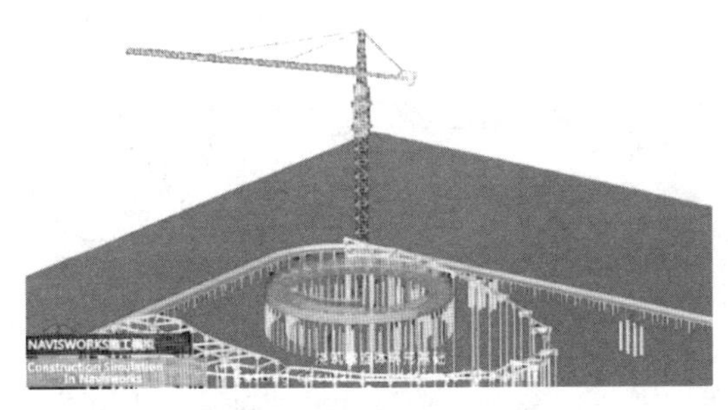

图 E.2.6　4D 进度模拟

E.3 应用总结

通过运用BIM技术使双螺旋体、人行天桥等主体结构施工工期提前了10天，通过模型、场地、进度、物资等模拟，提前发现设计、施工等问题，避免返工，节约成本；通过岗位协同实现项目管理提升，摸索并总结了BIM与智能型全站仪的集成实践，提升钢结构施工的质量。

附录 F　施工 BIM 技术应用清单

表 F　施工 BIM 技术应用清单表

分类		BIM 应用项	应用说明	应用成果
施工通用应用	投标应用	图纸问题梳理	投标模型创建过程中同步审查图纸错、漏	形成图纸问题审核报告，避免漏项
		报价策划	由投标模型导出工程量	确定工程投标总价，提供不平衡报价等策划与建议
		投标动画	依据投标文件制作可视化投标动画	通过可视化动画生动直观的展示工程组织方案，为成功竞标增添重要砝码
	施工准备	虚拟场布	在 BIM 软件中进行三维场地规划	优化场地布置，实现临建设施工程量清单的快速导出
		进度模拟	将模型关联时间信息，进行建造模拟	找到施工过程盲点，检验进度计划合理性，优化施工组织并合理安排人、材、机需求计划
	项目策划成本管理	工程量精算	建立精细化 BIM 算量模型：新建 BIM 算量模型或复核投标 BIM 算量模型	准确提供 BIM 模型构件工程量
		施工图预算编制	依据精细模型工程量套取预算定额制定项目预算成本	确定单位建筑工程造价的依据；精确提供施工图预算量用于目标成本控制
		施工预算编制	依据精细模型工程量套取企业定额制定项目目标成本	提供工程所需人工、材料、机械台班消耗量指标；为合理的劳动调配，物资计划供应，成本分析和班组经济核算提供依据

续表

分类		BIM应用项	应用说明	应用成果
施工通用应用	项目策划成本管理	预算对比分析	对比施工图预算和施工预算	分析偏差原因，预判项目盈亏点
		进度产值计划编制	依据项目进度计划提取出各形象节点产值	提供合理的产值计划、资金需求计划
		协助用工计划制定	依据项目进度计划提取出各形象节点人工计划用量	提供合理的工程建造施工劳动力投入计划
		材料计划制定	依据项目进度计划提取出各形象节点材料计划用量	用于材料采购及项目材料用量上线控制
	施工阶段成本管理	算量模型维护	依据变更内容对BIM模型进行优化调整，并将相关附件资料挂接到BIM模型构件上	设计变更BIM模型实时维护，方便结算阶段追溯；实现结算工程量、造价的准确快速统计；过程资料挂接BIM模型，作为结算佐证
		变更签证数据支撑	计算出签证变更费用并将现场影像资料作为附件进行上传	提供可追溯的设计变更、现场签证、工程洽商等工程量及费用支撑依据
		限额领料	依据施工预算、施工任务单中各项材料需用量签发限额领料	统计各施工段材料用量，将数据拆分成实物量，作为材料领用审核依据
		材料用量对比分析	BIM模型量与现场实际材料用量对比	核对材料用量是否合理；查找偏差原因，制定纠偏方案
		分包合约规划	细致分析工程承包范围内的工料机，进行分包费用规划，精确划分分包单位工作区域	实现事前的策划，指导后续劳务用量、材料采购、设备租赁计划的执行及后续分包合同的签订；达到成本控制的目的

续表

分类		BIM应用项	应用说明	应用成果
施工通用应用	施工阶段成本管理	劳务管控	构建现场信息化管理体系，打造“智慧工地”，集成劳务实名制一卡通	对各工作面劳务队伍的进出场情况、考勤记录、工资发放情况进行管理
		分包过程支付审核	调取分包单位分包施工范围内已完工程量	核查分包单位工程进度，审核分包班组提供的工作内容及工程量
		进度款申请配合	依据已完成工程节点提取计算BIM模型工程量及产值	为进度款支付提供及时准确的依据
		财务支付校核	依据目标成本设定各阶段资金支付红线	财务量价管理，多次校核，减少支付风险
	结算阶段成本管理	分包结算审核	清楚划分分包单位结算范围，审核分包结算书工作内容量和价	提供精确分包工程量与价，避免多算超付
		结算资料审查	审查竣工结算资料的完整性，对比合同清单工程量，就缺项、工程量偏差或工程变更工程量进行审查	提高对竣工结算依据的全面审查，实现竣工结算量价的精细核算
		多算对比	将实际成本及时统计和归集。与预算成本、合同收入进行三算对比	分析项目盈亏情况，消耗用量有无超标，进货、分包单价有无失控等问题，实现对项目成本风险的有效管控
		指标核算	对项目各主材消耗量指标进行测算	确定各项主材消耗节超率，分析结果，制定企业各专业工程量消耗量指标

续表

分类		BIM应用项	应用说明	应用成果
施工通用应用	通用技术	样板引路	根据国家规范及企业标准创建各专业标准化施工样板，指导施工	通过创建质量标准、现场文明、安全防范措施的BIM模型形成虚拟样板；引导标准化施工
		施工工艺模拟	创建施工工艺模拟动画对重点施工工艺进行模拟和分析	优化和改进施工工艺流程
		三维技术交底	对复杂细部节点进行深化和展示	实现重难点部位三维可视化技术交底
		智能放样及校核	通过模型提取三维坐标，进行放样和校核	基于BIM模型对异形及非线性结构空间精确放样定位及校核
		点云扫描	应用三维扫描仪对目标构件扫描获取点云数据，生成三维模型	快速获取点云数据，建立目标BIM三维数字模型
		沉降位移监测	按预设时间间隔周期性自动记录位移沉降数据	实现特征点沉降位移自动化监测、分析对比、预警
		建筑部品加工	BIM模型导出生产加工数据包	实现基于BIM的部品化预制加工
		构件二维码管理	将复杂的专业模型细分为不同的施工构件，制作生成包含构件尺寸参数、安装定位等信息的二维码	快速提取构件信息，辅助项目现场材料入场、安装定位、构建信息查询等
		工程资料管理	将施工过程资料上传协同管理平台、实时共享和查看	实现项目过程管理、项目竣工和运维阶段需要的资料，高效管理与各方协同

续表

分类		BIM应用项	应用说明	应用成果
施工通用应用	通用技术	施工进度动态管理	模拟进度与实际施工进度对比，分析找出进度滞后原因，合理调整进度计划	实现施工进度、资源配置动态管理
		质量、安全协同管理	现场施工质量问题、安全隐患上传协同平台，实时跟进和整改	对质量问题、安全隐患落实整改，形成可追溯的信息记录
		数字化交付	通过数字化集成平台，将竣工模型和全过程档案资料以标准数据格式提交给业主	实现竣工资料信息、设备设施管理信息快速查阅
专业工程BIM应用	建筑工程专项应用	场地分析	采集场地信息，构建场地模型，对场地周边环境、地形条件模拟分析	为施工组织方案、土方平衡体提供基础模型和数据
		土方平衡	构建地形曲面，精确提取和计算挖填土方量	科学、合理地进行土方平衡
		边坡支护	边坡支护监测数据挂接BIM模型，实时预警	实时监测边坡支护状态
		锚杆碰撞检查	创建基坑支护锚杆模型，进行碰撞检查和分析	提前发现锚杆碰撞，反馈调整锚杆支护方案
		塔吊布置	根据布置条件、垂直运输吊次等分析BIM模型数据，合理布置塔吊位置	优化塔吊覆盖区域及群塔作业施工方案

续表

分类		BIM应用项	应用说明	应用成果
专业工程BIM应用	建筑工程专项应用	筏板养护监控	关联筏板大体积混凝土温度监控数据至BIM模型，实时监控提取温度数据	保证筏板养护温度在规范值内，防止开裂
		桩基核查	查询BIM模型，获取桩的几何与定位信息，采用移动端现场核查桩的几何或定位信息	校核桩基几何与定位信息
		桩基沉降监控	BIM模型自动匹配沉降观测点，进行桩基沉降自动检测、实时反馈数据	实时监控分析桩基沉降，确保基坑施工安全
		脚手架综合设计	对外脚手架、支模架进行参数设计，并进行安全验算	出具计算书及工程量清单，优化脚手架设计方案
		高大支模区域筛选	根据规范要求，自动分析BIM模型，确定高大支模区域，并对高支模参数设计和安全验算	准确定位高大支模区域，出具高支模脚手架设计方案
		钢筋下料及复核	在BIM软件中进行钢筋三维翻样，出具钢筋翻样图，复核钢筋实际使用量	快速导出钢筋翻样图，精确控制钢筋下料
		砌体排布	对BIM模型中的砌体墙按照预定参数设置进行砌体优化排布	出具砌块各规格尺寸，降低砌体损耗量

续表

分类		BIM应用项	应用说明	应用成果
专业工程BIM应用	建筑工程专项应用	模板排布	对BIM模型中的混凝土结构，按照预定参数设置进行模板优化排布	出具模板各规格清单，减低模板损耗量
		创优策划	依据质量、安全、文明相关规范，结合项目特点，在BIM模型中调整优化创优策划方案，导出创优策划平面图、方案图	施工工艺标准化图集，以及创优策划平面图、方案图，用于指导工程创优
		混凝土预制构件加工	筛选BIM模型中可用于预制加工的构件，进行深化设计，导出加工数据	利用导出的加工数据，合理制作模具
		复杂节点深化设计	建立建筑结构复杂节点深化模型，用于复杂节点施工方案校核与优化	复杂节点施工方案交底
	建筑装饰工程专项应用	幕墙节点深化	对幕墙细部节点进行深化设计，导出节点大样图和精细化材料清单	提高幕墙安装精度，细化幕墙材料管控
		幕墙预制生产	幕墙深化模型导出生产加工数据，指导生产下料	实现各类型幕墙构件标准化工厂预制生产
		预埋件复核	通过装饰模型与现场实际预埋件位置、标高进行对比分析	对预埋件进行提前对比分析，保证安装的顺利进行
		装饰方案沟通	BIM模型为中心进行装饰方案的优化调整和沟通	装饰方案可视化沟通，提高沟通效率

续表

分类		BIM应用项	应用说明	应用成果
专业工程BIM应用	建筑装饰工程专项应用	内装效果展示	赋予内装BIM模型材质并进行效果渲染，虚拟完成效果	实现全方位虚拟装饰效果展示，把控装修效果和质量
		精装样板间策划	创建三维样板间，结合VR技术，进行沉浸式虚拟漫游体验	VR虚拟现实体验和策划，取代装饰实体样板间
	建筑机电安装专项应用	管线综合优化	整合机电全专业模型，依据管线综合原则进行管线调整和优化	实现机电管线自动碰撞碰撞检查，可视化综合优化调整，避免返工，方便检修，布置美观
		综合支吊架	根据综合管线BIM模型进行综合支吊架设计和布置	在满足各专业规范、现场施工要求的基础上，避免各专业支吊架重复设置，交叉碰撞且管道施工工序更简洁，方便施工
		净高检查及优化	按功能分区及要求进行机电管线净高检查，分析和优化不满足净高要求区域管线	确保净高满足控制要求，保证建筑品质
		预留洞口定位	BIM模型一键开洞并导出预留洞口表	精确指导洞口预留
		大型设备运输路线规划	提前对大型设备进行运输模拟和论证	优化大型设备进场时间点、吊装运输路径和预留吊装通道
		设备选型校核	对设备管线系统进行自动计算，分析校核设备参数	优化设备选型参数，减少能源消耗

续表

分类		BIM应用项	应用说明	应用成果
专业工程BIM应用	建筑机电安装专项应用	机电模块产品管理	在深化模型中进行模块划分，借助数据采集和数字化加工手段，对各模块产品进行工序化管理	实现机电管线设备模块化加工和施工安装，提高安装效率
		施工质量动态监控	移动端质量问题监控和反馈，并挂接模型落实到责任人	及时反馈出现的质量问题，时跟踪整改状态
	工业设备安装专项应用	钢结构节点深化	对钢结构节点进行深化设计，导出节点加工图和精细化材料清单	指导钢结构深化加工和精确算量
		设备组装模拟	依据设备模型制作可视化设备组装模拟动画	工业设备组装工艺模拟，实现复杂工艺动态可视化技术交底
		焊缝管理	完善构件焊接模型，录入焊缝位置、编号、焊工钢印、焊接工艺等信息	实现精细化焊缝管理，支持统一调试及后期运维管理
		吊装方案优化	制作可视化吊装模拟动画，对吊装方案进行模拟分析	模拟演示安装方案，发现施工方案中存在的问题并优化
		预应力分析	对复杂细部节点加载相应的工况参数、力学参数等信息，进行预应力分析	施工前进行构件预应力分析，确保施工安全
		管线预制加工	对深化设计后的管线模型，进行管段划分，深化出图，工厂预制加工	将工厂预制加工完的管线构建运输至现场拼接安装

续表

分类		BIM应用项	应用说明	应用成果
专业工程BIM应用	工业设备安装专项应用	工艺模拟分析	构建精细化设备机组三维模型，对设备安装工艺进行三维动态模拟	设备安装工艺模拟，优化设备安装方案
	市政工程专项应用	数字地面模型	按设定的等高距生成等高线图、透视图、坡度图、断面图、渲染图、与数字正射影像（DOM）复合生成景观图，计算特定物体对象的体积、表面覆盖面积等，进行空间复合、可达性分析、表面分析、扩散分析等	数字地面流域、高程、坡度等分析报告；统计输出土方施工工程量清单
		超前风险预警	关联智能监控传感装置至BIM模型，动态监控现场施工形变信息	模型结合现场开挖情况，形成围岩动态监控图，掌握围岩变形情况和支护动态，了解围岩和支护应力、应变发展趋势，通过实时更新围岩状态和进行风险预判，规避隧道施工风险
		三维地质分层	依据现状地形模型，录入地勘数据，形成三维地质分层模型	依据地勘数据构建地质模型，基于模型统计各岩土层填挖方工程量
		交通流线分析	构建道路、桥梁、隧道等三维模型，设定交通流线参数，实现车流、人流模拟分析	通过分析通量的平均延迟及最大队列，优化道路通行能力，避免出现交通拥挤或阻塞停滞现象

续表

分类		BIM应用项	应用说明	应用成果
专业工程BIM应用	市政工程专项应用	自动断面生成	依据路线自动创建横、纵断面，直观地反映地面起伏形状，构建横断面特征	输出道路纵断面、横断面图纸，指导现场施工作业
		行车安全分析	利用虚拟建造技术，构建三维模型，实现新建、改造道路视距指标的检验与校核	分析道路视距范围，导出行车安全分析报告，辅助路线选线
		智能边坡监测	通过虚拟建造技术实现边坡工况的参数化模拟，由三维图形直观展示边坡及其周围环境各监测点的检测数据实时情况	形成边坡动态监控图，实时监控边坡及施工措施形变状况，提前规避施工风险
		地下连续墙施工优化	对地下连续墙支撑和开挖方案进行对比、模拟分析，优化混凝土浇筑和安全支撑措施	优化地下连续墙混凝土浇筑和支撑方案
		预制构件工艺评定	依据三维模型，对预制构件进行受力分析，并制作构件加工工艺动画	出具预制构件工艺评定报告，构件生产工艺模拟动画
		盾构管片预制	构建管片参数化模型，设置管片属性，依据路线进行管片排布设置，导出管片清单列表，实现预制加工	输出盾构管片预制加工图纸，实时统计盾构管片工程量清单